FORSCHUNGSBERICHTE DES LANDES NORDRHEIN-WESTFALEN

Nr. 1949

Herausgegeben im Auftrage des Ministerpräsidenten Heinz Kühn
von Staatssekretär Professor Dr. h. c. Dr. E. h. Leo Brandt

DK 539.1:537.1:537:5

Prof. Dr. rer. nat. Günter Ecker
Dipl.-Phys. Klaus-Gotthard Fischer

Institut für theoretische Physik der Ruhr-Universität Bochum

»Dressed Particles« — Modelle in der Mikrofeldtheorie

WESTDEUTSCHER VERLAG · KÖLN UND OPLADEN 1968

ISBN 978-3-322-98237-7   ISBN 978-3-322-98928-4 (eBook)
DOI 10.1007/978-3-322-98928-4

Verlags-Nr. 011949

Gesamtherstellung: Westdeutscher Verlag ·

Vorwort

Die exakte Berechnung der Wahrscheinlichkeitsverteilung des Mikrofeldes in einem Plasma unter Einschluß der Wechselwirkung scheitert an dem bekannten Problem des Vielkörpersystems. Demzufolge sind vereinfachende Modellvorstellungen entwickelt worden, die jedoch allgemein der rigorosen Begründung entbehren. Die vorliegende Arbeit beschäftigt sich mit den »Dressed Particles«-Modellen. Die von BARANGER und MOZER angegebene Näherung kann innerhalb des linearen Bereiches der Spektralfunktion gerechtfertigt werden, im nichtlinearen Bereich bleibt seine Verwendung problematisch. Ein numerischer Vergleich der Ergebnisse eines unkorrelierten »Dressed Ions«-Modells mit DEBYEscher Abschirmung, wie es von ECKER verwendet wurde, mit den Ergebnissen von BARANGER und MOZER, läßt erkennen, daß der Abschirmparameter eines solchen unkorrelierten Modells dichte- und temperaturabhängig ist und im interessierenden Bereich um etwa 10% variiert. Die numerischen Rechnungen haben gleichzeitig Zweifel an der Gültigkeit der MOZER- und BARANGERschen Auswertungen aufkommen lassen. Lediglich für den Fall eines Einkomponentensystems gelingt die Begründung des ALYAMOVSKIJschen »Dressed Particles«-Modells im Rahmen der DEBYE–HÜCKEL-Näherung.

Inhalt

I. Einleitung

Die Kenntnis des elektrischen Mikrofeldes in einem Plasma ist von Bedeutung für Transportvorgänge, Relaxationsphänomene, Streuungen und Strahlungsemissionen. Beispielsweise verschiebt die Feldwirkung der Träger des Systems die Energieniveaus eines Emitters oder spaltet sie auf, was zu Frequenzänderungen der emittierten Strahlung führt. Die Statistik dieser Änderungen, also die Wahrscheinlichkeitsverteilung der Störfelder liefert eine direkte Aussage über das Linienprofil der emittierten Strahlung.

Zur Berechnung der Feldverteilung muß, neben der Feldwirkung der Träger des Systems am Aufpunkt, die innere Wechselwirkungsenergie der Störteilchen untereinander berücksichtigt werden. Für den Fall, daß sich das betrachtete System im thermodynamischen Gleichgewicht befindet, wurden in einer Reihe von Arbeiten [1–4] Modelle entwickelt, die im Rahmen bestimmter Näherungen die Wechselwirkungsenergie berücksichtigen. Diese Arbeiten schlagen Verfahren zur systematischen Korrektur der HOLTSMARKschen Feldverteilung [1] vor. Die verwendeten Methoden zur Erfassung der inneren Wechselwirkung erscheinen generell nicht befriedigend begründet. Insbesondere werden ohne weitere Rechtfertigung »Dressed Particles«-Modelle benutzt. Die vorliegende Arbeit soll die Brauchbarkeit solcher »Dressed Particles«-Modelle zur Erfassung der inneren Wechselwirkung bei der Theorie des Mikrofeldes untersuchen.

II. Konzept

Wir betrachten ein quasineutrales System von N Teilchen (N_i einfach geladene Ionen, N_e Elektronen) in einem Volumen V ohne Einwirkung äußerer Felder. Das System befinde sich im thermodynamischen Gleichgewicht bei der Temperatur T. Die Feldverteilung wird untersucht in der Grenze $N \to \infty$, $V \to \infty$ bei konstanter Dichte $n = N/V = \text{const}$. Dichte und Temperatur sind so gewählt, daß die Paarnäherung anwendbar ist: alle höheren Korrelationen sind vernachlässigbar; die Paarkorrelation selbst ist klein gegen 1.

Im folgenden Abschnitt III stellen wir die allgemeinen Beziehungen für die Mikrofeldverteilung unter Verwendung von Cluster-Entwicklungen und molekularen Verteilungsfunktionen zusammen. Im Abschnitt IV führen wir dann mit Hilfe dieser allgemeinen Beziehungen eine kritische Analyse der HOLTSMARK-Näherung (keine innere Wechselwirkung) [1] und der verschiedenen »Dressed Particles«-Näherungen in den Theorien von ECKER [2], ALYAMOVSKIJ [3] und BARANGER und MOZER [4] durch. Im ersten Teil des Abschnitts V untersuchen wir die Feldwirkung auf ein Aufpunktteilchen und die Korrelationsverhältnisse im System nach Mitteilung über alle Elektronenpositionen. Für die auftretenden molekularen Verteilungsfunktionen machen wir einen Superpositionsansatz. Die mittlere Feldwirkung ist dann die Summe von effektiven, abgeschirmten Feldwirkungen einzelner Ionen (»Dressed Ions«). Die Paarkorrelation der Ionen wird mit der effektiven Wechselwirkung der »Dressed Ions« berechnet. In der linearen Näherung der Spektralfunktion läßt sich auf diese Weise das zur Berechnung der niederfrequenten Komponente der Feldverteilung von BARANGER und MOZER verwendete Modell rechtfertigen. Im zweiten Teil begründen wir mit diagrammtechnischen Methoden im Rahmen der DEBYE-HÜCKEL-Näherung die von ALYAMOVSKIJ benutzte Paarverteilungsfunktion eines Dipols und eines »Dressed Particle«. Im dritten Teil des Abschnitts V untersuchen wir die Brauchbarkeit eines Modells von unkorrelierten »Dressed Ions«. Dabei soll die innere Wechselwirkung in gleichem Umfang wie beim Modell von korrelierten »Dressed Ions« berücksichtigt werden. Dazu führen wir einen numerischen Vergleich der Feldverteilung von ECKER mit der niederfrequenten Komponente der Feldverteilung von BARANGER und MOZER durch.

III. Allgemeiner Formalismus

1. Grundgleichungen der Mikrofeldverteilung

Die Mikrofeldverteilung $W_N(\underline{F})$ ist die Verteilung der Wahrscheinlichkeit $W_N(\underline{F})d\underline{F}$, eine Feldstärke zwischen $\underline{F}$ und $\underline{F} + d\underline{F}$ am Aufpunkt vorzufinden. $\underline{F}$ ist dabei im betrachteten System die Summe der Einzelfelder der Ladungsträger

$$\underline{F} = \sum_{j,\alpha} \underline{F}_j^\alpha(\underline{r}_j) \tag{1}$$

und hängt demgemäß von den Lagekoordinaten $\underline{r}_1, \ldots, \underline{r}_N$ aller N Teilchen ab*. Stellt $G_N(\underline{r}_1, \ldots, \underline{r}_N, \underline{p}_1, \ldots, \underline{p}_N)$ die normierte Wahrscheinlichkeitsdichte des GIBBSschen Ensembles im Γ-Raum dar, so ist die Feldverteilung $W_N(\underline{F})$ gegeben durch

$$W_N(\underline{F}) = \int_\Gamma \delta(\underline{F} - \sum_{j,\alpha} \underline{F}_j^\alpha(\underline{r}_j))\, G_N d\underline{r}_1 \ldots d\underline{p}_N, \tag{2}$$

wobei die Integration über den ganzen Γ-Raum erstreckt wird.

Der Beschreibung des abgeschlossenen Systems mit fester Teilchenzahl N und konstanter Temperatur T ist die kanonische Gesamtheit angepaßt, deren Wahrscheinlichkeitsdichte G_N im Γ-Raum nach GIBBS durch

$$G_N = \text{const} \cdot e^{\frac{\psi - H(\underline{r}_1, \ldots, \underline{p}_N)}{\varkappa T}} \tag{3}$$

gegeben ist, wobei $H(\underline{r}_1, \ldots, \underline{p}_N)$ die HAMILTON-Funktion des Systems, $\varkappa$ die BOLTZMANN-Konstante ist und ψ durch die Normierung entsprechend

$$\int_\Gamma G_N(\underline{r}_1, \ldots, \underline{p}_N)\, d\underline{r}_1 \ldots d\underline{p}_N = 1 \tag{4}$$

festgelegt ist.

Damit folgt, wenn man die Beziehung (3) unter Berücksichtigung von Gl. (4) in Gl. (2) einsetzt

$$W_N(\underline{F}) = \frac{\int_\Gamma \delta(\underline{F} - \sum_{j,\alpha} \underline{F}_j^\alpha)\, e^{-\frac{H(\underline{r}_1, \ldots, \underline{p}_N)}{\varkappa T}}\, d\underline{r}_1 \ldots d\underline{p}_N}{\int_\Gamma e^{-\frac{H(\underline{r}_1, \ldots, \underline{p}_N)}{\varkappa T}}\, d\underline{r}_1 \ldots d\underline{p}_N} \cdot \tag{5}$$

---

* Die Summation über griechische Indizes läuft stets über die verschiedenen Komponenten; die Summation über lateinische Indizes erstreckt sich über die Träger der einzelnen Komponente.

Da wir geschwindigkeitsabhängige Kräfte ausschließen, kann die Integration über den Impulsraum sofort ausgeführt werden und ergibt

$$W_N(\underline{F}) = \int \delta(\underline{F} - \sum_{j,\alpha} \underline{F}_j^\alpha)\, P_N(\underline{r}_1, \ldots, \underline{r}_N)\, d\underline{r}_1 \ldots d\underline{r}_N, \tag{6}$$

wobei P_N als Wahrscheinlichkeitsdichte des Systems im Γ-Konfigurationsraum gegeben ist durch

$$P_N(\underline{r}_1, \ldots, \underline{r}_N) = \frac{e^{-\frac{\Phi(\underline{r}_1, \ldots, \underline{r}_N)}{\varkappa T}}}{\int e^{-\frac{\Phi(\underline{r}_1, \ldots, \underline{r}_N)}{\varkappa T}}\, d\underline{r}_1 \ldots d\underline{r}_N} = \frac{1}{Q_\tau}\, e^{\frac{\Phi(\underline{r}_1, \ldots, \underline{r}_N)}{\varkappa T}}. \tag{7}$$

$\Phi(\underline{r}_1, \ldots, \underline{r}_N)$ ist die potentielle Energie des Systems, die sich als Summe von Paarwechselwirkungen darstellt

$$\Phi(\underline{r}_1, \ldots, \underline{r}_N) = \frac{1}{2} \sum_{j,k} \sum_{\alpha,\beta} \varphi_{jk}^{\alpha\beta}(\underline{r}_j, \underline{r}_k). \tag{8}$$

Bei der Berechnung der Feldverteilung Gl. (6) unter Berücksichtigung des GIBBSschen Faktors Gl. (7) mit der potentiellen Energie Gl. (8) treten ähnliche mathematische Schwierigkeiten auf wie bei der Behandlung des Konfigurationsintegrals Q_τ. Auf Grund dieser Schwierigkeiten ist eine exakte Auswertung der Beziehung Gl. (6) nicht möglich. Jedoch läßt sich die Feldverteilung Gl. (6) mit Hilfe der für die Berechnung von Q_τ entwickelten CLUSTER-Methoden [5] und den aus der Kinetik bekannten Methoden der molekularen Verteilungsfunktionen so umformen, daß eine Auswertung im Rahmen der Paarnäherung möglich ist.

2. Theorie der Cluster und der molekularen Verteilungsfunktionen in ihrer Anwendung auf die Feldverteilung

Für die Spektralfunktion $W_N(\underline{k})$ der Feldverteilung ergibt sich durch FOURIER-Transformation der Gl. (6)

$$W_N(\underline{k}) = \int e^{-i(\underline{k}\underline{F})}\, W_N(\underline{F})\, d\underline{F} = \int \ldots \int e^{-i(\underline{k} \cdot \Sigma \underline{F}_j^\alpha)}\, P_N\, d\underline{r}_1 \ldots d\underline{r}_N. \tag{9}$$

Führt man im Nachgang zu BARANGER und MOZER [4] die CLUSTER-Funktionen

$$e^{-i(\underline{k} \cdot \underline{F}_j)} = 1 + \varepsilon_j \tag{10}$$

ein, so ist

$$W_N(\underline{k}) = \sum_{M=0}^{N} W_M^N(\underline{k}); \quad W_M^N(\underline{k}) = \int \ldots \int \sum_{j < \ldots < m} \varepsilon_j \ldots \varepsilon_m P_N\, d\underline{r}_1 \ldots d\underline{r}_N. \tag{11}$$

Nach Einführen der reduzierten spezifischen Verteilungsfunktionen

$$P_M(\underline{r}_1, \ldots, \underline{r}_M) = \int \ldots \int P_N(\underline{r}_1, \ldots, \underline{r}_N)\, d\underline{r}_{M+1} \ldots d\underline{r}_N \tag{12}$$

vereinfacht sich dieser Ausdruck zu

$$W_M^N(\underline{k}) = \frac{N!}{(N-M)!\, M!} \int \ldots \int \varepsilon_1 \ldots \varepsilon_M P_M\, d\underline{r}_1 \ldots d\underline{r}_M, \tag{13}$$

wobei der kombinatorische Faktor aus der Tatsache folgt, daß wegen der Symmetrie von P_N bezüglich Teilchenvertauschungen jeder Term der Summe in Gl. (11) denselben

Beitrag liefert. P_M wird nun nach wachsendem Grad der Korrelation [6] entwickelt

$$P_M = \frac{1}{V^M} \prod_j^{M_1} P_1(\underline{r}_j) \prod_{j,k}^{M_2} [1 + g_2(\underline{r}_j, \underline{r}_k)] \prod_{j,k,e}^{M_3} [1 + g_3(\underline{r}_j, \underline{r}_k, \underline{r}_e)] \cdots, \qquad (14)$$

wobei die Teilchensätze M_h, $h = 1,2, \ldots$ keine Teilchen gemeinsam haben. Die Funktionen g_m, $m \geq 2$ sind Korrelationsfunktionen der Ordnung m. Der Teilchensatz M ist also in v_h Untersätze mit m_h Teilchen ($h = 1,2, \ldots, M$) so aufgeteilt, daß stets die Nebenbedingung gilt

$$\sum_{h=1}^{M} v_h m_h = M. \qquad (15)$$

Die Anzahl der Möglichkeiten, den Satz in Untersätze dieser Art aufzuteilen, ist gegeben durch

$$C(M) = \frac{M!}{\sum\limits_{h=1}^{M} v_h! (m_h!)^{v_h}}, \qquad (16)$$

wobei der erste Faktor im Nenner die Fehlpermutationen durch Vertauschungen ganzer Untersätze, der zweite Faktor die Fehlpermutationen durch Vertauschungen von Teilchen innerhalb desselben Untersatzes berücksichtigt. Wir erhalten damit in der Näherung

$$\frac{N!}{(N-M)! \, V^M} \cong n^M, \qquad (17)$$

die bei festem M mit wachsendem N immer besser erfüllt ist, unter Benutzung der Abkürzung

$$h_{m_h}(\underline{k}) = \int \cdots \int \varepsilon_1 \cdots \varepsilon_{m_h} \, g_{m_h}(\underline{r}_1, \ldots, \underline{r}_{m_h}) \, d\underline{r}_1 \cdots d\underline{r}_{m_h} \qquad (18)$$

für die Spektralfunktion

$$W_N(\underline{k}) = \sum_{M=0}^{N} \frac{n^M}{M!} \left\{ \sum_{\text{Zerf (M)}} C(M) \, h_{m_r}^{v_r} \cdots h_{m_s}^{v_s} \right\}. \qquad (19)$$

Die innere Summe läuft über alle Zerfällungen = Einteilungen des Satzes M in kleinere Sätze mit m_h Teilchen, die die Vielfachheit v_h haben, unter Berücksichtigung der Nebenbedingung Gl. (15).

Nun läßt sich in der Grenze $N \to \infty$, $V \to \infty$ bei konstanter Dichte $n = N/V$ die Doppelsumme in Gl. (19) in der folgenden Form darstellen

$$W(\underline{k}) = \lim_{\substack{N \to \infty \\ V \to \infty}} W_N(\underline{k}) = \prod_{m_h=1}^{\infty} \sum_{v_h=0}^{\infty} \frac{1}{v_h!} \left[\frac{n^{m_h}}{m_h!} h_{m_h}(\underline{k}) \right]^{v_h}. \qquad (20)$$

Für endliches N enthält Gl. (20) stets eine Anzahl Terme, die in Gl. (19) nicht vorkommen, denn auf Grund der Produktbildung über alle möglichen Teilchensätze m von N werden nämlich Teilchen im selben Term der Reihe in Gl. (20) mehrfach berücksichtigt. Die Anzahl der auf diese Weise in Gl. (20) zuviel angeschriebenen Terme ist im Vergleich zur Anzahl der sowohl in Gl. (19) als auch in Gl. (20) auftretenden Terme von der Ordnung $1/N$ [4]. In der Grenze $N \to \infty$ ist damit die Umformung der Gl. (19) in Gl. (20) gerechtfertigt, und es folgt die Spektralfunktion

$$W(\underline{k}) = \exp\left\{ \sum_{m=1}^{\infty} \frac{n^m}{m!}\, b_m(\underline{k}) \right\}.\tag{21}$$

Durch Anwendung der inversen FOURIER-Transformation gelangt man zur Feldverteilung.

Die Spektralfunktion Gl. (21) enthält die Vielteilchenfunktionen b_m sämtlicher Ordnungen. Der Vorteil der Beziehung (21) vor der Beziehung (6), in der nur die komplizierte N-Teilchen Verteilungsfunktion P_N auftritt, besteht darin, daß durch die Potenzreihe im Exponenten von Gl. (21) der Ansatz zu einer Näherung gegeben ist. Bricht man nämlich diese Reihe nach dem Glied s-ter Ordnung ab, so hat man Korrelationsmuster, die bis zu s Teilchen enthalten, berücksichtigt. Im folgenden beschränken wir uns in Übereinstimmung mit der Literatur auf die Näherung $s = 2$. Da wir zur Bestimmung der Zweiteilchenfunktion $b_2(\underline{k})$ die Paarkorrelationsfunktion $g_2(\underline{r}_j, \underline{r}_k)$ benötigen, geben wir eine Methode zu ihrer Berechnung an. Aus den verschiedenen bekannten Verfahren [7] wählen wir die Darstellung mit diagrammtechnischen Mitteln.

Die Anwendung der diagrammtechnischen Methoden ist in der Gleichgewichtstheorie der klassischen Flüssigkeiten [8] fundiert worden. Unter anderem versucht man dort, Gleichungen für die radiale Verteilungsfunktion $g(\underline{r}_j, \underline{r}_k)$ zu gewinnen, die im betrachteten homogenen System auf einfache Weise mit der in Gl. (14) definierten Paarkorrelationsfunktion $g_2(\underline{r}_j, \underline{r}_k)$ zusammenhängt

$$g(\underline{r}_j, \underline{r}_k) = 1 + g_2(\underline{r}_j, \underline{r}_k).\tag{22}$$

Zur Berechnung der radialen Verteilungsfunktion $g(\underline{r}_j, \underline{r}_k)$ kann man das Paarpotential der Durchschnittskraft $W(\underline{r}_j, \underline{r}_k)$ verwenden, das als Potential der bei festgehaltenen Teilchen j und k über alle Positionen der Restteilchen des Systems gemittelten Kraft $\underline{f}_j$ auf eines der Teilchen j oder k definiert ist:

$$\langle \underline{f}_j \rangle = -\frac{\partial W(\underline{r}_j, \underline{r}_k)}{\partial \underline{r}_j} = \frac{\displaystyle\int \dots \int \frac{\partial \Phi}{\partial \underline{r}_j}\, e^{-\frac{\Phi}{\varkappa T}}\, d\underline{r}_1 \dots d\underline{r}_{j-1} d\underline{r}_{j+1} \dots d\underline{r}_{k-1} d\underline{r}_{k+1} \dots d\underline{r}_N}{\displaystyle\int \dots \int e^{-\frac{\Phi}{\varkappa T}}\, d\underline{r}_1 \dots d\underline{r}_{j-1} d\underline{r}_{j+1} \dots d\underline{r}_{k-1} d\underline{r}_{k+1} \dots d\underline{r}_N}.\tag{23}$$

Danach gilt der Zusammenhang

$$g(\underline{r}_j, \underline{r}_k) = \exp\left\{ -\frac{W(\underline{r}_j, \underline{r}_k)}{\varkappa T} \right\}.\tag{24}$$

Nach MEERON [9] erhält man für das Paarpotential der Durchschnittskraft $W(\underline{r}_j, \underline{r}_k)$ und für die radiale Verteilungsfunktion $g(\underline{r}_j, \underline{r}_k)$ folgende Reihenentwicklungen nach der Dichte

$$W(\underline{r}_j, \underline{r}_k) = \varphi_{jk} - \varkappa T \sum_{\bar{m}} \frac{\bar{n}^{\bar{m}}}{\bar{m}!} \int Q(\underline{r}_j, \underline{r}_k | \bar{m})\, d(\bar{m})\tag{25}$$

und

$$g(\underline{r}_j, \underline{r}_k) = e^{-\frac{\varphi_{jk}}{\varkappa T}} \left\{ 1 + \sum_{\bar{m}} \frac{\bar{n}^{\bar{m}}}{\bar{m}!} \int P(\underline{r}_j, \underline{r}_k | \bar{m})\, d(\bar{m}) \right\}.\tag{26}$$

Dabei ist $\bar{n} = (n_i, n_e)$ der Satz der Teilchendichten; $\bar{m}$ sind Teilchensätze von m Teilchen nämlich m_i Ionen und m_e Elektronen mit $m_i + m_e = m$; $\bar{n}^{\bar{m}} = n_i^{m_i} \cdot n_e^{m_e}$; $\bar{m}! = m_i! \, m_e!$; tritt im Integranden das Teilchensatzsymbol $\bar{m}$ auf, so sind alle Koordinaten der in $\bar{m}$ enthaltenen Teilchen zu berücksichtigen; $d(\bar{m})$ bedeutet die Integration über die Koordinaten der Teilchen des Satzes $\bar{m}$; das Summenzeichen mit dem Symbol $\bar{m}$ bedeutet die Summation über alle m und für jedes m die Summe über alle Zerfällungen in Ionen- und Elektronenanteile. φ_{jk} ist die Paarwechselwirkung der Teilchen j und k. Die im Integranden auftretenden Funktionen Q und P sind Summen von bestimmten Produkten der f-Funktionen

$$f_{jk} = e^{-\frac{\varphi_{jk}}{\varkappa T}} - 1. \tag{27}$$

Diese Produkte veranschaulicht man durch Diagramme, indem man jedem auftretenden Teilchen einen kleinen Kreis, jeder f-Funktion den entsprechenden Verbindungsstrich zwischen den beiden auftretenden Teilchen zuordnet (f-Bindung). Ein Weg sei dann eine stetige Aufeinanderfolge von Bindungen und Teilchen. Zwei Teilchen heißen direkt verbunden, wenn der Weg zwischen ihnen aus einer Bindung besteht. Zwei Wege heißen unabhängig, wenn sie kein Teilchen gemeinsam haben.
Die Produkte aus $P(\underline{r}_j, \underline{r}_k | \bar{m})$ und $Q(\underline{r}_j, \underline{r}_k | \bar{m})$ sind charakterisiert durch die Feststellung, daß in

$P(\underline{r}_j, \underline{r}_k | \bar{m})$ a)   jedes Teilchen von $\bar{m}$ durch unabhängige Wege mit beiden Teilchen j und k verbunden ist;

   b)   das Teilchen j nicht direkt mit dem Teilchen k verbunden ist;

$Q(\underline{r}_j, \underline{r}_k | \bar{m})$ a) und b) erfüllt sind und

   c)   die Teilchen des Satzes $(\bar{m} + j, k)$ auch nach Herausnahme von j und k untereinander verbunden sind.

In der Anwendung der Dichteentwicklung Gl. (25) auf ein System mit COULOMBscher Wechselwirkung zeigt sich, daß Integrale über f-Funktionen Gl. (27) in der Grenze großer Teilchenabstände divergieren. MAYER [10] fand eine Methode zur Vermeidung dieser Divergenz.
Er führte in den charakteristischen Reihenentwicklungen eine Teilsummation aus über Diagramme mit Kettenbindungen zwischen den Teilchen. Dadurch ersetzte er COULOMB-Bindungen der Diagramme durch effektive Bindungen mit einer abgeschirmten Wechselwirkung und behob damit die langreichweitige Divergenz.
Formal erzwang MAYER die Konvergenz der auftretenden Integrale durch Einführung eines Faktors $\exp(-\alpha r)$ zur COULOMBschen Wechselwirkung. Dann entwickelte er die f_α-Funktionen

$$f_{jk}(\alpha) = e^{-\frac{\varphi_{jk} e^{-\alpha r}}{\varkappa T}} - 1 \tag{28}$$

in eine Potenzreihe. Bei der Darstellung durch Diagramme entspricht das einer Repräsentation eines Diagramms durch eine unendliche Reihe von Diagrammen, die an Stelle der ursprünglichen f_α-Bindung Bindungen in allen Vielfachheiten haben, deren funktionale Form dem ersten Term der Entwicklung von Gl. (28) entspricht (linearisierte f_α-Bindung), also:

12

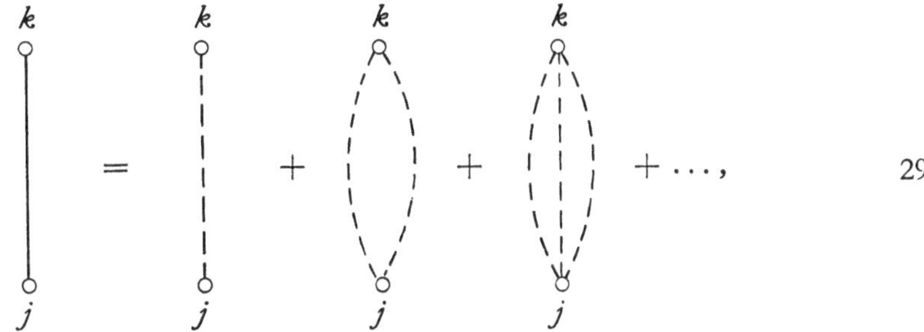

wobei $\circ\!\!-\!\!-\!\!-\!\!-\!\!-\!\!-\!\!\circ$ die f_α-Bindung und $\circ\;-\;-\;-\;\circ$ die linearisierten f_α-Bindungen darstellt. Dann sammelte MAYER in allen Diagrammen die Beiträge von Ketten von linearisierten f_α-Bindungen zwischen fest vorgegebenen Teilchen:

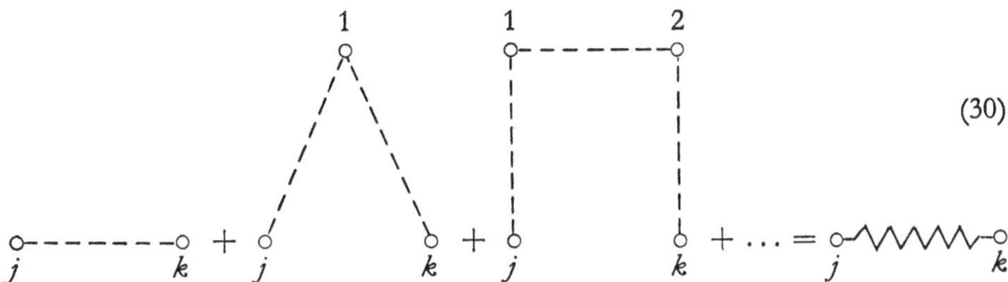

Jeder Term von Gl. (29) bzw. Gl. (30) kann als Teil eines größeren Diagramms angesehen werden. Entsprechend Gl. (30) werden also Ketten von linearisierten f_α-Bindungen aufsummiert zu einer neuen effektiven Bindung $\circ\!\!-\!\!\wedge\!\!\wedge\!\!\wedge\!\!-\!\!\circ$. In der Grenze $\alpha \to 0$ erhielt MAYER eine entsprechende effektive Wechselwirkung vom DEBYE-Typus zwischen den Teilchen j und k.

Im Nachgang zu MEERON [11] wenden wir die MAYERsche Kettensummation Gl. (30) in unserem System von Elektronen und Ionen auf die Dichteentwicklung Gl. (25) an. Dazu entwickeln wir die f_α-Funktionen

$$f_{jk}(\alpha) = e^{-\dfrac{\varphi_{jk}}{\varkappa T}\,e^{-\alpha r_{jk}}} = \sum_{t=1}^{\infty} \frac{1}{t!}\left[-\frac{Z_j Z_k e^2}{\varkappa T}\,\frac{e^{-\alpha r_{jk}}}{r_{jk}} \right]^t, \tag{31}$$

wobei $z_j = \pm 1$ ist, je nachdem ob das Teilchen j ein Ion oder ein Elektron ist. Nun spalten wir die Summe $Q(r_j, r_k|\bar{m})$ in zwei Anteile auf, die nach den zugehörigen Diagrammen so unterschieden sind, daß der erste Anteil $k(r_j, r_k|\bar{m})$ alle Diagramme mit Ketten von linearisierten f_α-Bindungen zwischen den Teilchen j und k enthält; der zweite Anteil $\theta(r_j, r_k|\bar{m})$ alle anderen Diagramme. Damit folgt aus Gl. (25)

$$W(r_j, r_k) = \varphi_{jk}\,e^{-\alpha r_{jk}} - \varkappa T \sum_{\bar{m}} \frac{\bar{n}^{\bar{m}}}{\bar{m}!} \int k(r_j, r_k|\bar{m})\,d(\bar{m})$$

$$- \varkappa T \sum_{\bar{m}} \frac{\bar{n}^{\bar{m}}}{\bar{m}!} \int \theta(r_j, r_k|\bar{m})\,d(\bar{m}). \tag{32}$$

Für den Beitrag zum Paarpotential der Durchschnittskraft der ersten beiden Terme auf der rechten Seite von Gl. (32) erhalten wir in ausführlicher Schreibweise

$$W_D(\underline{r}_j, \underline{r}_k) = \varphi_{jk} e^{-\alpha r_{jk}} - \varkappa T \sum_{\bar{m}} \frac{\bar{n}^{\bar{m}}}{\bar{m}!} \int k(\underline{r}_j, \underline{r}_k / \bar{m}) \, d(\bar{m})$$

$$= -\varkappa T \sum_{m=0}^{\infty} \sum_{\text{Zerf}(m)} \frac{n_i^{m_i} \, n_e^{m_e}}{m_i! \, m_e!} \cdot \frac{Z_j Z_k e^2}{\varkappa T} \left[-\frac{e^2}{\varkappa T} \right]^m \tag{33}$$

$$\varkappa \int \dots \int q_{j1}(\underline{r}_{j1}) \, q_{12}(\underline{r}_{12}) \dots q_{mk}(\underline{r}_{mk}) \, d\underline{r}_1 \dots d\underline{r}_m,$$

wobei

$$q_{ab}(\underline{r}_{ab}) = \frac{e^{-\alpha r_{ab}}}{r_{ab}}. \tag{34}$$

Die innere Summe läuft über alle Einteilungen des Satzes $\bar{m}$ in m_i Ionen und m_e Elektronen mit $m_i + m_e = m$. Die Ladungsparameter Z der Teilchen in der Kette treten in Gl. (33) nicht mehr auf, da jeder Parameter außer Z_i und Z_k zweimal vorkommt und $Z^2 = 1$ gilt. In der Summe in Gl. (33) kommt jedes Kettenintegral

$$I_m(\underline{r}_{jk}) = \int \dots \int q_{j1}(\underline{r}_{j1}) \dots q_{mk}(\underline{r}_{mk}) \, d\underline{r}_1 \dots d\underline{r}_m \tag{35}$$

genau so oft vor, wie man die m Teilchen in der Kette untereinander vertauschen kann, nämlich $m!$ mal. Unter Berücksichtigung des folgenden Binomialausdrucks

$$\sum_{\substack{\text{Zerf}(m) \\ m = \text{const}}} \frac{n_i^{m_i} \cdot n_e^{m_e}}{m_i! \, m_e!} \, m! = \sum_{m_i = 0}^{m} \frac{n_i^{m_i} \, n_e^{m-m_i}}{m_i! (m - m_i)!} \, m!$$

$$= \sum_{m_i = 0}^{m} \binom{m}{m_i} n_i^{m_i} \, n_e^{m-m_i} = (n_i + n_e)^m \tag{36}$$

folgt dann

$$W_D(\underline{r}_j, \underline{r}_k) = Z_j Z_k e^2 \sum_{m=0}^{\infty} \left[-\frac{e^2(n_i + n_e)}{\varkappa T} \right]^m I_m(\underline{r}_{jk}). \tag{37}$$

Das Kettenintegral Gl. (35) entspricht nach Transformation auf Relativkoordinaten bezüglich des Teilchens j einem m-fachen Faltungsintegral. Die Auswertung kann mit Hilfe des Faltungstheorems der FOURIER-Transformation*

$$\int f_1(\underline{r}') f_2(\underline{r} - \underline{r}') \, d\underline{r}' = F(\underline{r}) \to F(\underline{t}) = f_1(\underline{t}) \cdot f_2(\underline{t}) \tag{38}$$

vorgenommen werden. Danach gilt

$$I_m(\underline{r}_{jk}) = \frac{1}{(2\pi^3)} \int e^{i(\underline{t} \cdot \underline{r}_{jk})} \left[\frac{4\pi}{\alpha^2 + t^2} \right]^{m+1} d\underline{t}, \tag{39}$$

wobei berücksichtigt wurde, daß die Spektralfunktion von $q_{ab}(\underline{r}_{ab})$ gegeben ist durch

$$\int e^{-i(\underline{t} \cdot \underline{r}_{ab})} \frac{e^{-\alpha r_{ab}}}{r_{ab}} \, dr_{ab} = 4\pi \int_0^{\infty} \frac{\sin(t \cdot r_{ab}) \, e^{-\alpha r_{ab}}}{t \cdot r_{ab}^2} \, r_{ab}^2 \, dr_{ab} = \frac{4\pi}{\alpha^2 + t^2}. \tag{40}$$

---

* Im Unterschied zur Transformation auf Felder entsprechend Gl. (9) benennen wir bei Transformation auf Ortsvektoren $\underline{r}$ den Fouriervektor mit $\underline{t}$ statt mit $\underline{k}$.

14

Einsetzen von Gl. (40) in Gl. (37) liefert unter Berücksichtigung der Beziehung für die DEBYE-Länge λ_D unseres Systems

$$\lambda_D^2 = \frac{1}{\varkappa_D^2} = \frac{\varkappa T}{4\,\pi\,(n_i + n_e)\,e^2} \tag{41}$$

folgende unendliche Reihe

$$W_D(\underline{r}_j, \underline{r}_k) = Z_j Z_k e^2 \frac{1}{(2\,\pi)^3} \int e^{i\,(\underline{t}\cdot\underline{r}_{jk})} \sum_{m=0}^{\infty} \frac{(-\varkappa_D^2)^m}{(\alpha^2 + t^2)^{m+1}}\,d\underline{t}, \tag{42}$$

die sich unter Verwendung der allgemein üblichen Annahme $\varkappa_D^2 < \alpha^2 + t^2$ [10,12] um-formen läßt zu

$$W_D(\underline{r}_j,\underline{r}_k) = Z_j Z_k e^2 \frac{1}{(2\,\pi)^3} \int e^{i\,(\underline{t}\cdot\underline{r}_{jk})} \frac{d\underline{t}}{\alpha^2 + \varkappa_D^2 + t^2} = \frac{Z_j Z_k e^2}{r_{jk}}\,e^{-r_{jk}\sqrt{\alpha^2 + \varkappa_D^2}}. \tag{43}$$

In der Grenze $\alpha \to 0$ erhalten wir also für den Beitrag der Ketten von linearisierten f_α-Bindungen zwischen den Teilchen j und k

$$W_D(\underline{r}_j,\underline{r}_k) = \frac{Z_j Z_k e^2}{r_{jk}}\,e^{-\varkappa_D\,r_{jk}}. \tag{44}$$

Dieselbe MAYERsche Kettensummation Gl. (30) kann zwischen allen Teilchen der zu $\theta(\underline{r}_j,\underline{r}_k/\overline{m})$ gehörenden Diagramme durchgeführt werden. Das führt zu einer Konver-genzverbesserung der Reihenentwicklung Gl. (32). Ebenso läßt sich eine Konvergenz-verbesserung erzielen durch wiederholte Anwendung der Entwicklung von Bindungen und anschließende Aufsummierung von Kettenbindungen. Jedoch sind die entspre-chenden Rechnungen [13] über prinzipielle Fragen nicht hinausgediehen, da eine Me-thode fehlt, wie man die Beiträge komplizierter Diagramme aufsummiert.
Unter Berücksichtigung von Gl. (24), Gl. (22) und Gl. (44) ist durch Gl. (32) die Ver-teilungsfunktion bzw. Korrelationsfunktion bestimmt. Im Spezialfall der Näherung, in der man nur Beiträge berücksichtigt, die linearisiert in der COULOMBschen Wechsel-wirkung sind und die Ketten zwischen den Teilchen j und k bilden, erhält man das DEBYEsche Paarpotential der Durchschnittskraft

$$W(\underline{r}_j,\underline{r}_k) = \frac{Z_j Z_k e^2}{r_{jk}}\,e^{-\varkappa_D\,r_{jk}} \tag{45}$$

und die radiale Verteilungsfunktion

$$g(\underline{r}_j,\underline{r}_k) = 1 - \frac{Z_j Z_k e^2}{\varkappa T}\,\frac{e^{-\varkappa_D\,r_{jk}}}{r_{jk}}. \tag{46}$$

IV. Kritische Analyse der vorliegenden Mikrofeldtheorien

Die verschiedenen vorliegenden Näherungen zur Berechnung der Mikrofeldverteilung unterscheiden sich durch den Grad der Berücksichtigung von Teilchenkorrelationen einerseits und die Annahmen über die effektiven Feldwirkungen andererseits. Wir betrachten dementsprechend die folgenden vier wesentlichen Kombinationen:

1. unkorrelierte Teilchen mit COULOMBscher Feldwirkung;
2. unkorrelierte Teilchen mit DEBYEscher Feldwirkung;
3. paarkorrelierte Teilchen mit COULOMBscher Feldwirkung;
4. paarkorrelierte Teilchen mit DEBYEscher Feldwirkung.

1. Unkorreliertes System mit COULOMBschen Feldbeiträgen

HOLTSMARK [1] erhält unter Berücksichtigung von Gl. (18) und Gl. (10) für das System von unkorrelierten Ionen die Spektralfunktion

$$W(\underline{k}) = \exp\left\{ n \int (e^{-i(\underline{k}\cdot\underline{F})} - 1)\, d\underline{r} \right\}, \tag{47}$$

wobei $\underline{F} = -e \cdot \underline{r}/r^3$ ist und wegen der räumlichen Homogenität $P_1 = 1$ gesetzt wurde. Die Vernachlässigung der Korrelationen stellt eine starke Einschränkung dar. Eine einfache Abschätzung zeigt, daß durch die Vernachlässigung des Exponenten im GIBBSschen Faktor Gl. (7) die Anwendung auf den Bereich $r_w \ll r_0$ beschränkt ist, wo r_w der klassische Wechselwirkungsradius und r_0 der mittlere Teilchenabstand ist:

$$r_w = \frac{e^2}{\varkappa T}, \; \frac{4\,\pi}{3}\, r_0^3 n = 1\,. \tag{48}$$

Nach Einführung von Polarkoordinaten läßt sich das Integral in Gl. (47) elementar auswerten

$$\int\limits_0^{2\pi} \int\limits_0^{\pi} \int\limits_0^{\infty} (e^{\,ik\frac{e}{r^2}\cos\theta} - 1)\, r^2 dr \sin\theta\, d\theta\, d\varphi = -\frac{4}{15}\, (2\,\pi\, ek)^{3/2}. \tag{49}$$

Wegen der Isotropie des Systems genügt es, die Verteilung des Feldstärkebetrages

$$H(F) = 4\,\pi\, F^2 W(\underline{F}) = \frac{2\pi}{F} \int\limits_0^{\infty} \sin(k\,F) \exp\left(-\frac{4n}{15}(2\,\pi\, ek)^{3/2}\right) k\, dk \tag{50}$$

zu betrachten. Transformiert man mit

$$|\underline{F}| = F = \frac{e}{r^2}\,;\; F_0 = \frac{e}{r_0^2}\,;\; \beta = \frac{F}{F_0} \tag{51}$$

auf die reduzierte Feldstärke β und setzt $v = k \cdot F_0$, so ergibt sich die sogenannte HOLTSMARKverteilung

$$H(\beta) = \frac{2}{\pi\beta} \int\limits_0^{\infty} v \cdot \sin v \cdot e^{-(v/\beta)^{3/2}}\, dv. \tag{52}$$

Das asymptotische Verhalten wird beschrieben durch

$$H(\beta) \propto \frac{4}{3\,\pi}\, \beta^2\, (\beta \to 0); \quad H(\beta) \propto \frac{3}{2}\, \beta^{-\frac{5}{2}}\, (\beta \to \infty). \tag{53}$$

Die HOLTSMARK-Verteilung ist in der Grenze unendlicher Verdünnung bzw. unendlich hoher Temperatur eine exakte Beschreibung der Mikrofeldverteilung. Sie muß daher als Grenzfall aller erweiterten Theorien folgen, die in irgendeiner Näherung die innere Wechselwirkung des Systems berücksichtigen.

16

Ein Umstand ist erwähnenswert, nämlich die Divergenz des zweiten Momentes $\langle F^2 \rangle$ der Verteilung [14]. Entgegen gelegentlich geäußerten Meinungen [15] ist diese Divergenz ein grundsätzlicher Mangel aller Mikrofeldberechnungen, an der auch quantenmechanische Korrekturen nichts ändern [16], da er aus der Annahme punktförmiger Ladungsträger resultiert.

2. Unkorreliertes System mit DEBYEscher Feldwirkung

ECKER [2] machte als erster den Versuch, die innere Wechselwirkung eines COULOMB-Systems von Ionen und Elektronen zu erfassen, indem er im Rahmen eines Modells von unkorrelierten Feldteilchen mit effektiver DEBYEscher Feldwirkung am Aufpunkt systematische Korrekturen zur HOLTSMARK-Verteilung errechnete.

Die DEBYE-Theorie [17], die er zur Berechnung der effektiven Feldwirkung verwendete, geht von dem Gedanken aus, daß die ursprünglich COULOMBsche Wechselwirkung zweier Ladungsträger durch die Polarisationswirkung der anderen Ladungsträger so modifiziert wird, daß aus der langreichweitigen eine abgeschirmte Wechselwirkung wird. Um diesen Gedanken analytisch zu erfassen, geht man von der POISSON-Gleichung

$$\Delta^i \varphi(r) = - 4\,\pi \varrho^{\mathrm{el}}(r) \tag{54}$$

aus, wo die elektrostatische Ladungsdichte $\varrho^{\mathrm{el}}(r)$ durch die verschiedenen Aufenthaltswahrscheinlichkeiten der Ladungsträger in der Umgebung des Ions i bestimmt ist. Mitteln wir bei festgehaltenem Ion der Art α über alle Mikrozustände des Systems, so erhalten wir

$$\Delta^i \langle \varphi(r) \rangle = - 4\,\pi \sum_{\alpha} \frac{Z_\alpha e N_\alpha}{V}\, g^{\alpha,i}(r), \tag{55}$$

wobei $g^{\alpha,i}(r)$ die radiale Verteilungsfunktion aus III. 2 ist und $|\underline{r}_\alpha - \underline{r}_i| = r$. Setzt man in Gl. (55) die Beziehung Gl. (24) zwischen $g^{\alpha,i}(r)$ und dem Potential $W(\underline{r}_\alpha, \underline{r}_i)$ ein, so erhält man

$$\Delta^i \langle \varphi(r) \rangle = - 4\,\pi \sum_{\alpha} \frac{Z_\alpha e N_\alpha}{V} \exp\left(- \frac{W(\underline{r}_\alpha, \underline{r}_i)}{\varkappa T}\right). \tag{56}$$

Die Auswertung dieser Beziehung gelang DEBYE und HÜCKEL im Rahmen der Annahme

$$\frac{W(\underline{r}_\alpha, \underline{r}_i)}{\varkappa T} = \frac{Z_\alpha e^i \langle \varphi(r) \rangle}{\varkappa T} \ll 1\,, \tag{57}$$

die zur linearisierten POISSON-BOLTZMANN-Gleichung führt. Da das System quasineutral ist, folgt als Lösung das DEBYE-HÜCKEL-Potential

$$^i \langle \varphi(r) \rangle = \frac{Z_i Z_\beta e^2}{r}\, e^{-\varkappa_D r}\,, \tag{58}$$

wobei

$$\lambda_D = \frac{1}{\varkappa_D} = \left(\frac{T}{4\,\pi \sum\limits_{\alpha} n_\alpha Z_\alpha^2 e^2}\right)^{1/2} \tag{59}$$

die DEBYE-Länge des Systems ist.

Die DEBYE-Theorie ist nur bedingt anwendbar. Einerseits erwies eine Analyse von ONSAGER und KIRKWOOD [18], daß die Voraussetzung Gl. (57) die ungestörte Super-

position der von den einzelnen Trägern induzierten Ladungswolken fordert. Das ist nur
für Aufpunktabstände r erfüllt, die wesentlich größer als der klassische Wechselwirkungsradius $r_w = e^2/\varkappa T$ sind (ONSAGER-KIRKWOOD-Bedingung). Andererseits verlangt die
Anwendung der Mittelung in Gl. (55) die Beschränkung auf die kollektiven Bereiche,
in denen der Mittelwert für das physikalische Verhalten eines Einzelsystems tatsächlich
repräsentativ ist. ECKER gibt eine untere Grenze $r = R$, unterhalb derer die kollektive
Beschreibung zusammenbricht.

Die Anwendung der DEBYE-Theorie ist also auf die kollektiv zu beschreibenden Bereiche, in denen die ONSAGER-KIRKWOOD-Bedingung erfüllt ist, beschränkt. In der Anwendung auf das Plasma folgert ECKER, daß beide Bedingungen hinreichend befriedigt
sind, wenn

$$\delta = \frac{1}{6 \cdot \sqrt{\pi n \cdot r_w{}^{3/2}}} \gg 1 \tag{60}$$

erfüllt ist, wo δ die Teilchenzahl in der DEBYE-Zone ist. In diesem Bereich verwendet
ECKER für das in Gl. (47) einzusetzende Feld

$$\underline{F} = \frac{e}{r^3}\, \underline{r}\, (1 + \varkappa_D \cdot r)\, e^{-\varkappa_D r}\,, \tag{61}$$

wobei in den individuellen Bereich extrapoliert wurde.

Die Auswertung von Gl. (47) mit Gl. (61) wird durch die komplizierte funktionale Abhängigkeit des Feldes $\underline{F}$ von $\underline{r}$ erschwert, wirft aber keine neuen, grundsätzlichen
Probleme mehr auf.

Mit den Abkürzungen

$$\bar{F} = \frac{F}{\varkappa_D{}^2}\,, y = k \cdot \varkappa_D,\, \chi = \varkappa_D \cdot r \tag{62}$$

erhält man nach ECKER die Spektralfunktionen

$$W(\underline{k}) = \exp\left\{ - 3\,\delta \int\limits_{F_R}^{\infty} \left(\frac{\sin y\bar{F}}{y\bar{F}} - 1 \right) \frac{(1 + \chi)^{5/2} e^{-\frac{3\chi}{2}}}{[1 + (1 + \chi)^2]} \frac{d\bar{F}}{\bar{F}^{5/2}} \right\}, \tag{63}$$

wobei die untere Grenze der Integration der oben geforderten Einschränkung auf die
kollektiven Bereiche Rechnung trägt. Die dichte- und temperaturabhängigen Abweichungen von der HOLTSMARK-Verteilung sind durch die in Gl. (61) auftretende DEBYE-
Länge beschrieben. Die Ergebnisse von ECKER sind in Abb. 1 dargestellt in Abhängigkeit vom Parameter δ. Für $\delta = \infty$ erhält man entsprechend Gl. (60) und Gl. (59) die
HOLTSMARK-Verteilung. Die beschriebenen Überlegungen betreffen offensichtlich die
niederfrequente Komponente des Mikrofeldes. Die Mittelung über die Elektronen-
komponente unter Berücksichtigung der Wechselwirkung ergibt bei der Wechselwirkung der Ionen einen entsprechenden Abschirmungseffekt. Dies ist in Übereinstimmung mit den Überlegungen von BARANGER und MOZER [4]. Im Unterschied jedoch
zu BARANGER und MOZER berücksichtigt ECKER [2] die Wechselwirkung der Ionen
nicht in einer CLUSTER-Entwicklung, sondern in einer zusätzlichen Abschirmung.

3. Korreliertes System mit Coulombscher Feldwirkung

Eine weitere interessante Methode zur Berechnung der Mikrofeldverteilung schlägt
ALYAMOVSKIJ [3] vor. Er betrachtet den allgemeinen Fall einer Ladung Q_1 im Aufpunkt

und schreibt die Spektralfunktion Gl. (9) in der Form

$$
W(i\underline{k}) = \frac{\int \ldots \int e^{-\dfrac{\Phi(\underline{r}_1, \ldots, \underline{r}_N) + i\underline{k} \cdot \varkappa T \cdot \sum\limits_{j} \underline{F}_j}{\varkappa T}} \, d\underline{r}_1 \ldots d\underline{r}_N}{\int \ldots \int e^{-\dfrac{\Phi(\underline{r}_1, \ldots, \underline{r}_N)}{\varkappa T}} \, d\underline{r}_1 \ldots d\underline{r}_N} \cdot
\tag{64}
$$

$W(i\underline{k})$ läßt sich als komplexe Funktion der Variablen $\eta = i\underline{k}$ auffassen. Hat die Ladung des Aufpunktteilchens das entgegengesetzte Vorzeichen der Ladung der Feldteilchen, so ist $W(\eta)$ nirgends holomorph, da wegen des punktförmigen Charakters der Ladungsträger die Funktion im Exponenten bei starken Annäherungen von Feldteilchen an das Aufpunktteilchen divergiert. Fügt man jedoch zur Wechselwirkungsenergie Φ eine Funktion

$$
\sum_{j=2}^{N} \gamma(R - r_{1j}) =
\begin{cases}
0 \text{ für } R \leq r_{1j}, j = 2, \ldots, N \\[2ex]
\infty \text{ für } R > r_{1j}, j = 2, \ldots, N
\end{cases}
\tag{65}
$$

hinzu, wobei $r_{1j} = |\underline{r}_1 - \underline{r}_j|$ und R wesentlich kleiner als der mittlere Teilchenabstand ist, so bleibt die Funktion im Exponenten in der ganzen endlichen η-Ebene endlich und $W_R(\eta)$ ist holomorph. Die Spektralfunktion der Feldverteilung folgt als Grenzwert $W(i\underline{k}) = \lim\limits_{R \to 0} W_R(i\underline{k})$.

Setzt man nun COULOMBsche Feldbeiträge in Gl. (64) ein, so folgt nach einiger Rechnung, wenn man $\ln W_R(\eta)$ nach η differenziert und die dabei auftretende Reihe Glied für Glied von 0 bis k integriert:

$$
W(i\underline{k}) = \lim_{R \to 0} \exp \left\{ -i \sum_{j=2}^{N} Q_j \cdot \int_0^k \frac{dk}{k} \int \int K_R(i\varkappa T \cdot \underline{k}; \; r_{1j}) \, \underline{k} \cdot \nabla_1 r_{1j} \, d\underline{r}_1 d\underline{r}_j \right\},
\tag{66}
$$

wobei die Funktion $K_R(\underline{a}, \underline{r}_{12})$ gegeben ist durch

$$
K_R(\underline{a}, \underline{r}_{12}) = \frac{\int \ldots \int e^{-\dfrac{H'_{\underline{a}R}}{\varkappa T}} \, d\underline{r}_3 \ldots d\underline{r}_N}{\int \ldots \int e^{-\dfrac{H'_{\underline{a}R}}{\varkappa T}} \, d\underline{r}_1 \ldots d\underline{r}_N}, \quad \underline{a} = i\varkappa T \cdot \underline{k}
\tag{67}
$$

und $H'_{\underline{a}R}$ durch

$$
H'_{\underline{a}R} = \sum_{1 < i < j} \frac{Q_i Q_j}{r_{ij}} + \sum_{j=2}^{N} \gamma(R - r_{1j}) + (Q_1 + (\underline{a} \cdot \nabla_1)) \sum_{j=2}^{N} \frac{Q_i}{r_{1j}}.
\tag{68}
$$

Wegen der formalen Analogie von $H'_{\underline{a}R}$ mit einer Wechselwirkungsenergie interpretiert ALYAMOVSKIJ Gl. (67) als Paarverteilungsfunktion eines Dipols mit der konstanten Richtung $\underline{a}$ und der totalen Ladung Q_1 und eines COULOMB-Teilchens mit der Ladung Q_2. Nach Angaben dieses Autors folgt aus der DEBYE-Theorie für die Paarverteilungsfunktion

$$
K_R(\underline{a}, \underline{r}_{1j}) = \frac{1}{V^2} \exp \left\{ -\frac{Q_j(Q_1 + (\underline{a} \cdot \nabla_1))}{\varkappa T} \cdot \frac{e^{-\varkappa_D r_{1j}}}{r_{1j}} \right\}.
\tag{69}
$$

Setzt man Gl. (69) in Gl. (66) ein, so folgt als Ergebnis

$$\ln f(\underline{k}) = \ln W(i\underline{k}) = -\sum_\alpha n_\alpha Q_\alpha \int\limits_0^k \frac{dk}{k} \int \exp\left\{ -\frac{Q_1 Q}{\varkappa T} \frac{e^{-\varkappa_D r}}{r} \right.$$

$$\left. - iQ_\alpha(\underline{a}\cdot\nabla)\frac{e^{-\varkappa_D r}}{r} \right\} (\underline{k}\cdot\nabla)\frac{1}{r}\, d\underline{r} \tag{70}$$

$$= -4\pi \sum_\alpha n_\alpha (|Q_\alpha|\cdot k)^{3/2}\cdot\psi\left[\varkappa_D(|Q_\alpha|\cdot k)^{1/2};\, \frac{Q_1 Q_\alpha}{\varkappa T}(|Q_\alpha|\, k)^{1/2}\right],$$

wobei

$$\psi(x;y) = \int\limits_0^\infty \frac{Z^2 e^{xZ}\exp\left(-y e^{-xZ}/Z\right)}{1+xZ}\cdot\left(1 - \frac{Z^2 e^{xZ}}{(1+xZ)}\sin\left(\frac{1+xZ}{Z^2}\, e^{-xZ}\right)\right) dZ\,. \tag{71}$$

Für $Q_1 = 0$ beschreiben Gl. (70) und Gl. (71) die Feldverteilung am neutralen Aufpunkt. In diesem Fall beschränkt sich ALYAMOVSKIJ auf die Berechnung des zweiten Momentes der Feldverteilung. Er zeigt, daß sich nach Abzug der Selbstenergie der Teilchen aus diesem Moment das DEBYE-HÜCKEL-Grenzgesetz für die innere Energie des Systems ergibt.

Aus diesem Ergebnis läßt sich natürlich nicht die Tragweite des von ALYAMOVSKIJ verwendeten Modells zur Berechnung der Feldverteilung abschätzen. Dazu müßte entweder Gl. (71) numerisch ausgewertet werden oder eine Methode zur Berechnung der Plasma-Dipol-Verteilungsfunktion Gl. (69) angegeben werden, denn das Problem der Berücksichtigung der inneren Wechselwirkung ist in dieser Verteilungsfunktion zusammengefaßt. Im Absatz V.3 werden wir die Plasma-Dipol-Verteilungsfunktion berechnen.

Im Grenzfall $\varkappa_D = 0$, also unendlicher Verdünnung, geht Gl. (70) in die HOLTSMARK-Verteilung über.

4. Korreliertes System mit DEBYEschen Feldbeiträgen

BARANGER und MOZER [4] approximieren die Spektralfunktion Gl. (21) durch

$$W(\underline{k}) = \exp\left\{ n b_1(\underline{k}) + \frac{n^2}{2}\, b_2(\underline{k}) \right\}. \tag{72}$$

Der erste Term entspricht der Situation von unkorrelierten Trägern, der zweite Term berücksichtigt Paarkorrelationen. Natürlich konzentriert sich das Interesse auf die Erfassung des Beitrages des zweiten Termes

$$\frac{n^2}{2}\, b_2(\underline{k}) = \frac{n^2}{2} \int\int \varepsilon_1\varepsilon_2\, g_2(\underline{r}_1,\underline{r}_2)\, d\underline{r}_1 d\underline{r}_2\,, \tag{73}$$

wobei

$$\varepsilon_j = e^{-i(\underline{k}\cdot\underline{F}_j)} - 1,\, j = 1,2. \tag{74}$$

$\underline{F}_i$ ist der Aufpunktfeldbeitrag des i-ten Teilchens und $g_2(\underline{r}_1,\underline{r}_2)$ die Paarkorrelationsfunktion.

Zur Ermittlung der Feldverteilung nach Gl. (72) mit Gl. (73) gehen BARANGER und MOZER von folgenden Überlegungen aus:

Im betrachteten System lassen sich die Feldfluktuationen in eine niederfrequente und eine hochfrequente Komponente aufspalten. Dabei erhält man den niederfrequenten Anteil, wenn man über Zeiten ermittelt, die klein gegenüber der Lebensdauer von Elektronenmikrozuständen sind. Der restliche Anteil der Fluktuationen wird als hochfrequente Komponente beschrieben. Nach den im Vorgang betrachteten Arbeiten interessiert hier nur die niederfrequente Komponente.

BARANGER und MOZER setzen ohne analytische Rechtfertigung in Gl. (74) DEBYEsche Ionenfeldbeiträge ein, die von Elektronenwolken abgeschirmt sind,

$$\underline{F}_i = \frac{Z_i e}{r_i^3}\, \underline{r}_i \left(1 + \varkappa_{D_e} \cdot r_i\right) e^{-\varkappa_{D_e} \cdot r_i}. \tag{75}$$

Ebenso wie ECKER beschreiben BARANGER und MOZER den Wechselwirkungsanteil der Elektronen untereinander und mit den Ionen durch eine Abschirmung der Ionenfelder entsprechend der DEBYEschen Polarisationstheorie. Den Wechselwirkungsanteil der Ionen untereinander berücksichtigen sie jedoch explizit durch Angabe der Ion-Ion-Paarkorrelationsfunktion

$$g_2^{i,i}(\underline{r}_1, \underline{r}_2) = -\frac{e^2}{\varkappa T}\frac{e^{-\varkappa_D\, r_{12}}}{r_{12}} \tag{76}$$

mit $\varkappa_D^2 = \varkappa_{D_e}^2 + \varkappa_{D_i}^2$. BARANGER und MOZER schlagen also ein Modell von »Dressed Ions« zur Erfassung der Wechselwirkung der Elektronen vor.

Zur Berechnung von Gl. (73) entwickeln BARANGER und MOZER die einzusetzenden Faktoren Gl. (74) und Gl. (76) nach Kugelflächenfunktionen. Nach Einführung von sphärischen Polarkoordinaten und unter Ausnutzung der Orthogonalitätsrelationen und bestimmter Additionstheoreme der Kugelflächenfunktionen lassen sich die Winkelintegrationen in Gl. (73) elementar ausführen. Es verbleibt eine unendliche Reihe von Doppelintegralen über die radialen Anteile. Eine geschlossene analytische Auswertung selbst der einfachsten Terme scheint unmöglich. Allerdings deuten die Ergebnisse der Maschinenrechnungen an, daß die Reihenentwicklung gut konvergiert – es genügte die Berücksichtigung der ersten drei Terme. In Abb. 2 sind die Einteilchenfunktion und die Zweiteilchenfunktion gegen die dimensionslose Größe $y = (k \cdot F_0)^{1/2}\, \varkappa_{D_e} \cdot r_0$ aufgetragen. Wir haben die von BARANGER und MOZER [4] publizierten Funktionen verwendet, obwohl Zweifel an der numerischen Auswertung bestehen, (s. auch Fußnote auf S. 29). Aus dem Vergleich der beiden Funktionen kann man erkennen, daß die Berücksichtigung der Paarkorrelation der Ionen im Rahmen dieser Theorie nur einen kleinen Beitrag liefert. In Abb. 3 ist die Feldverteilung der niederfrequenten Komponente an einem neutralen Aufpunkt nach BARANGER und MOZER [4] dargestellt für verschiedene Werte des Parameters $\varkappa_{D_e} \cdot r_0$.

Ein Vergleich der Ergebnisse von BARANGER und MOZER [4] mit denen von ECKER [2] zeigt, daß sie voneinander nicht sehr stark abweichen. Jedoch läßt sich in Abhängigkeit von Dichte und Temperatur ein deutlicher Unterschied zur HOLTSMARK-Verteilung feststellen.

V. Zur Begründung der »Dressed Particles«-Modelle

1. Feldbeiträge der »Dressed Ions« nach BARANGER und MOZER

Gemäß der von BARANGER und MOZER [4] gegebenen Definition berechnet sich die niederfrequente Feldwirkung auf den neutralen Aufpunkt aus der Mittelung über alle Elektronenzustände bei festem Ionenmikrozustand. Es ist zweckmäßig für die folgende Rechnung, einen geladenen Aufpunkt mit der Ionenladung e_0 zu betrachten. Der Übergang zum neutralen Aufpunkt wird durch den Grenzübergang $e_0 \rightarrow 0$ beschrieben. Bei einem festen Mikrozustand aller N_i Ionen und des Aufpunktteilchens folgt für die mittlere Kraftwirkung auf das Aufpunktteilchen

$$\langle \underline{\nabla}_0 \Phi \rangle^{(N_i,\,0)} = - \frac{\int \!.. \int e^{-\frac{\Phi}{\varkappa T}} \left(\sum_{j=1}^{N_i} \underline{\nabla}_0\, \varphi_{0j} - \sum_{e=1}^{N_e} \underline{\nabla}_0\, \varphi_{0e} \right) dr_1^e \,\ldots\, dr_{N_e}^e}{\int \!.. \int e^{-\frac{\Phi}{\varkappa T}} dr_1^e \,\ldots\, dr_{N_e}^e}, \qquad (77)$$

wobei die potentielle Energie φ der gesamten elektrostatischen Wechselwirkung des betrachteten Systems sich als Summe von COULOMBschen Paartermen in der Form darstellt

$$\Phi = \sum_{i<j}^{N_i+N_e+0} \varphi_{ij} = e_0 \left\{ \sum_{j=1}^{N_i} \frac{e_i}{r_{0j}} - \sum_{e=1}^{N_e} \frac{e_e}{r_{0e}} \right\} + \sum_{i<j}^{N_i} \frac{e_i e_j}{r_{ij}} + \sum_{e<m}^{N_e} \frac{e_e e_m}{r_{em}} - \sum_{e=1}^{N_e} \sum_{i=1}^{N_i} \frac{e_i e_e}{r_{ie}} . \qquad (78)$$

Der erste Term berücksichtigt die Wechselwirkung aller Elektronen und Ionen mit dem Aufpunkt, der zweite und dritte Term entspricht der Wechselwirkung der Ionen bzw. Elektronen untereinander, und der vierte Term formuliert die Wechselwirkung der Ionen mit den Elektronen. Die Integration in Gl. (77) erstreckt sich über alle Elektronenkoordinaten. Da die erste Summe im Integrand von Gl. (77) nicht von den Elektronenpositionen abhängt, folgt

$$\langle \underline{\nabla}_0 \Phi \rangle^{(N_i,\,0)} = - \sum_{j=1}^{N_i} \underline{\nabla}_0\, \varphi_{0j} + \frac{\int \!.. \int e^{-\frac{\Phi}{\varkappa T}} \sum_{e=1}^{N_e} \underline{\nabla}_0\, \varphi_{0e}\, dr_1^e \,\ldots\, dr_{N_e}^e}{\int \!.. \int e^{-\frac{\Phi}{\varkappa T}} dr_1^e \,\ldots\, dr_{N_e}^e} . \qquad (79)$$

Unter Verwendung der Definition der reduzierten Verteilungsfunktionen Gl. (12) folgt mit Gl. (7) nach einfacher Umformung

$$\langle \underline{\nabla}_0 \Phi \rangle^{(N_i,\,0)} = - \sum_{j=1}^{N_i} \underline{\nabla}_0\, \varphi_{0j} + \sum_{e=1}^{N_e} \int \frac{P_{N_i+2}(N_i, \underline{r}_0, \underline{r}_e)}{P_{N_i+1}(N_i, \underline{r}_0)} \underline{\nabla}_0\, \varphi_{0e}\, dr_e , \qquad (80)$$

wobei das Argument (N_i) bedeutet, daß alle Ionenkoordinaten zu berücksichtigen sind. Da jeder Term der zweiten Summe denselben Beitrag liefert, vereinfachen wir zu

$$\langle \underline{\nabla}_0 \Phi \rangle^{(N_i,\,0)} = - \sum_{j=1}^{N_i} \underline{\nabla}_0\, \varphi_{0j} + N_e \int \frac{P_{N_i+2}(N_i, \underline{r}_0, r_e)}{P_{N_i+1}(N_i, \underline{r}_0)} \underline{\nabla}_0\, \varphi_{0e}\, dr_e . \qquad (81)$$

Entwickelt man nun die reduzierten Verteilungsfunktionen in Gl. (81) nach wachsendem Grad der Korrelation entsprechend Gl. (14) und berücksichtigt die Voraussetzung der

Paarnäherung, so folgt

$$\frac{P_{N_i+2}(N_i, \underline{r}_0, \underline{r}_e)}{P_{N_i+1}(N_i, \underline{r}_0)} = \frac{1}{V}\left\{1 + \tilde{g}_2(\underline{r}_0, \underline{r}_e) + \sum_{j=1}^{N_i} \tilde{g}_2(\underline{r}_j, \underline{r}_e)\right\}. \tag{82}$$

$\tilde{g}_2$ ist die Paarkorrelationsfunktion unter der speziellen Voraussetzung, daß sich alle Ionen in einem festen Mikrozustand befinden. Die Schlange berücksichtigt, daß man für ein System ohne diese Einschränkung eine andere Paarkorrelation erwarten muß. Damit folgt für die mittlere Kraftwirkung

$$\langle \underline{\nabla}_0 \Phi\rangle^{(N_i,0)} = - \sum_{j=1}^{N_i} \underline{\nabla}_0\, \varphi_{0j} + \frac{N_e}{V}\int\left\{1 + \tilde{g}_2(\underline{r}_0, \underline{r}_e) + \sum_{j=1}^{N_i}\tilde{g}_2(\underline{r}_j, \underline{r}_e)\right\}\underline{\nabla}_0\,\varphi_{0e}\,d\underline{r}_e. \tag{83}$$

Da die Funktionen $\tilde{g}_2$ und φ_{0e} nur vom Abstand abhängen, folgt aus Symmetriegründen

$$\int \tilde{g}_2(|\underline{r}_{0e}|)\underline{\nabla}_0\,\varphi_{0e}\,d\underline{r}_e = 0, \tag{84}$$

$$\int \underline{\nabla}_0\,\varphi_{0e}\,d\underline{r}_e = 0 \tag{85}$$

und damit

$$\langle \underline{\nabla}_0 \Phi\rangle^{(N_i,0)} = - \sum_{j=1}^{N_i} \underline{\nabla}_0\,\varphi_{0j} + n_e \sum_{j=1}^{N_i}\int \tilde{g}_2(|\underline{r}_{je}|)\,\underline{\nabla}_0\,\varphi_{0e}\,d\underline{r}_e. \tag{86}$$

Wie man nach Anwendung der Näherung Gl. (82) erwartet, stellt sich die mittlere Kraftwirkung auf das Aufpunktteilchen in einem festen Ionenmikrozustand als Summe zweier Terme dar. Der erste Term berücksichtigt die COULOMB-Anteile der Ionen; der zweite Term trägt der mittleren Einwirkung der Elektronen auf das Aufpunktteilchen Rechnung.

Das Integral im zweiten Term von Gl. (86) läßt sich nun wie folgt umformen

$$\int \tilde{g}_2(|\underline{r}_{je}|)\,\underline{\nabla}_0\,\varphi_{0e}\,d\underline{r}_e$$

$$= \int \frac{1}{(2\pi)^3}\int e^{i(\underline{t}\,\underline{r}_{je})}\,\tilde{g}_2(|\underline{t}|)\,d\underline{t}\,\frac{1}{(2\pi)^3}\int i\underline{t}'\,\varphi_{0e}(|\underline{t}'|)\,e^{i(\underline{t}'\,\underline{r}_{0e})}\,d\underline{t}'\,d\underline{r}_e$$

$$= \frac{1}{(2\pi)^3}\int i\underline{t}'\int \delta(\underline{t}-\underline{t}')\,e^{i\underline{t}\,\underline{r}_j - i\underline{t}'\,\underline{r}_0}\,\tilde{g}_2(|\underline{t}|)\,d\underline{t}\,\varphi_{0e}(|\underline{t}'|)\,d\underline{t}' \tag{87}$$

$$= \underline{\nabla}_0\,\frac{1}{(2\pi)^3}\int e^{i\underline{t}'\,\underline{r}_{j0}}\,g_2(|\underline{t}'|)\,\varphi_{0e}(|\underline{t}'|)\,d\underline{t}',$$

wobei für die Fouriertransformation der Differentiation verwendet wurde

$$\underline{\nabla}_0\,\varphi(|\underline{r}_{0i}|) \equiv \underline{a}(|\underline{r}_{0i}|) \Longleftrightarrow \underline{a}(|\underline{t}|) = i\underline{t}\,\varphi(|\underline{t}|). \tag{88}$$

Damit ist gezeigt, daß das Integral im zweiten Term von Gl. (86) der Gradient einer Abstandsfunktion von $r_{0j} = |\underline{r}_0 - \underline{r}_j|$ ist. Für die mittlere Kraftwirkung können wir demnach schreiben

$$\langle \underline{\nabla}_0 \Phi\rangle^{(N_i,0)} = - \sum_{j=1}^{N_i} \underline{\nabla}_0\,\tilde{\varphi}_{0j}^{(2)}(r_{0j}). \tag{89}$$

Die Schlange berücksichtigt den festen Ionenmikrozustand. Mit dieser Darstellung ist das Modell von »Dressed Ions« bereits gerechtfertigt. Im Folgenden wollen wir das effektive Paarpotential $\tilde{\varphi}_{0j}^{(2)}$ berechnen.

Dazu setzen wir Gl. (89) in Gl. (86) ein und erhalten für $\tilde{\varphi}_{0j}^{(2)}$ die Bestimmungsgleichung

$$\frac{\partial}{\partial \underline{r}} \, \tilde{\varphi}_{0j}^{(2)}(\underline{r}) = \frac{\partial}{\partial \underline{r}} \, \varphi_{0j}(\underline{r}) - n_e \int \tilde{g}_{ej}(\underline{r}') \frac{\partial}{\partial \underline{r}} \, \varphi_{0e}(\underline{r} - \underline{r}') \, d\underline{r}'. \tag{90}$$

Diese Integro-Differentialgleichung läßt sich mit Hilfe von Fouriertransformationen vereinfachen. Nach Anwendung des Faltungstheorems Gl. (38) und der Beziehung Gl. (88) folgt

$$i\underline{t} \cdot \tilde{\varphi}_{0j}^{(2)}(\underline{t}) = i\underline{t} \, \varphi_{0j}(\underline{t}) - n_e \, \tilde{g}_{ej}(\underline{t}) \cdot i\underline{t} \, \varphi_{0e}(\underline{t})$$

oder

$$\tilde{\varphi}_{0j}^{(2)}(\underline{t}) = \varphi_{0j}(\underline{t}) - n_e \, \tilde{g}_{ej} \cdot (\underline{t}) \, \varphi_{0e}(\underline{t}). \tag{91}$$

Zur Lösung von Gl. (91) bedarf es eines weiteren Zusammenhangs zwischen zwei der in Gl. (91) auftretenden Spektralfunktionen. Dazu gehen wir von der Gleichung

$$\underline{\nabla}_0 \ln P_{N_i + 1} = \frac{1}{P_{N_i + 1}} \, \underline{\nabla}_0 P_{N_i + 1} = \frac{1}{P_{N_i + 1}} \int \underline{\nabla}_0 P_N \, d\underline{r}_1^e \ldots d\underline{r}_{N_e}^e$$

$$= -\frac{1}{\varkappa T} \frac{\displaystyle\int \ldots \int (\underline{\nabla}_0 \varphi) \, e^{-\frac{\Phi}{\varkappa T}} \, d\underline{r}_1^e \ldots d\underline{r}_{N_e}^e}{\displaystyle\int \ldots \int e^{-\frac{\Phi}{\varkappa T}} \, d\underline{r}_1^e \ldots d\underline{r}_{N_e}^e} \tag{92}$$

für die logarithmischen Ableitungen von $P_{N_i + 1}(N_i, \underline{r}_0)$ aus, wobei wir die Beziehungen Gl. (12) und Gl. (7) berücksichtigt haben.

Der Vergleich von Gl. (91) und Gl. (77) liefert

$$\langle \underline{\nabla}_0 \Phi \rangle^{(N_i, 0)} = \varkappa T \, \underline{\nabla}_0 \ln P_{N_i + 1}. \tag{93}$$

$P_{N_i + 1}$ wird nun entsprechend Gl. (14) entwickelt, wobei wieder auf Grund des festen Ionenmikrozustandes die Paarkorrelationsfunktionen $\tilde{g}_2$ auftreten. Stellen wir die linke Seite von Gl. (93) wieder durch die Paarfunktionen entsprechend Gl. (89) dar, so folgt

$$-\sum_{j=1}^{N_i} \underline{\nabla}_0 \, \tilde{\varphi}_{0j}^{(2)} = \varkappa T \, \underline{\nabla}_0 \ln \left[\frac{1}{V^{N_i + 1}} \prod_{i,j}^{N_i + 1} (1 + \tilde{g}_2(\underline{r}_i, \underline{r}_j)) \right] \tag{94}$$

$$= \varkappa T \sum_{j=1}^{N_i} \underline{\nabla}_0 \ln [1 + \tilde{g}_2(\underline{r}_0, \underline{r}_j)].$$

Diese Gleichung erlaubt die Lösung

$$1 + \tilde{g}_{0j}(r) = A \cdot e^{-\frac{\tilde{\varphi}_{0j}^{(2)}(r)}{\varkappa T}}, \tag{95}$$

wobei die Integrationskonstante durch die Forderung festgelegt ist, daß $\tilde{\varphi}_{0j}^{(2)}(\infty) = 0$. Das ist mit der Forderung verschwindender Korrelation für weit entfernte Teilchen identisch, also $A = 1$. Eine allgemeine Voraussetzung unseres Modells ist $g_2 \ll 1$, also ist die Linearisierung von Gl. (95) eine konsequente Maßnahme und ergibt

$$\tilde{g}_{0j}(\underline{r}) = -\frac{\tilde{\varphi}_{0j}^{(2)}(\underline{r})}{\varkappa T}. \tag{96}$$

Bevor wir jedoch Gl. (96) in Gl. (90) einsetzen und die Lösung für $\tilde{\varphi}_{0j}^{(2)}$ suchen, müssen wir berücksichtigen, daß die Paarkorrelationsfunktion in Gl. (90) ein Ion mit einem Elektron verknüpft, in Gl. (96) jedoch das Aufpunktion mit einem anderen Ion. Zwischen diesen Paarkorrelationsfunktionen besteht jedoch der einfache Zusammenhang

$$\tilde{g}_{ej}(\underline{r}) = -\tilde{g}_{0j}(\underline{r}) = \frac{1}{\varkappa T}\,\tilde{\varphi}_{0j}^{(2)}(\underline{r})\,. \tag{97}$$

Damit folgt aus Gl. (90)

$$\frac{\partial}{\partial \underline{r}}\,\tilde{\varphi}_{0j}^{(2)}(\underline{r}) = \frac{\partial}{\partial \underline{r}}\,\varphi_{0j}(\underline{r}) - \frac{n_e}{\varkappa T}\int \tilde{\varphi}_{0j}^{(2)}(\underline{r}')\,\frac{\partial}{\partial \underline{r}}\,\varphi_{ej}(\underline{r}-\underline{r}')\,d\underline{r}'\,. \tag{98}$$

Fouriertransformation von Gl. (98) und einfache Umformungen liefern

$$\tilde{\varphi}_{0j}^{(2)}(\underline{t}) = \frac{\varphi_{0j}(\underline{t})}{1 + \dfrac{n_e}{\varkappa T}\,\varphi_{ej}(\underline{t})}\,. \tag{99}$$

Die Fouriertransformierte des Coulomb-Potentials ist gegeben durch

$$\varphi(\underline{t}) = \frac{4\,\pi e^2}{t^2}\,. \tag{100}$$

Nun kann man die Spektralfunktion Gl. (99) unter Benutzung der Debye-Länge Gl. (59) schreiben zu

$$\tilde{\varphi}_{0j}^{(2)}(\underline{t}) = \frac{4\,\pi e_0 e_j}{t^2 + \dfrac{4\,\pi n_e e^2}{\varkappa T}} = \frac{4\,\pi e_0 e_j}{t^2 + \varkappa_{D_e}^2}\,. \tag{101}$$

Dies ist die Spektralfunktion eines Debye-Potentials, allerdings mit einer Abschirmlänge, die nur von den Elektronen herrührt. Die Inversion von Gl. (101) ergibt also

$$\tilde{\varphi}_{0j}^{(2)}(r_{0j}) = \frac{e_0 e_j}{r_{0j}}\,e^{-\varkappa_{D_e}\,r_{0j}}\,. \tag{102}$$

Nach Gl. (89) erhalten wir das Feld der »Dressed Ions«, indem wir auf das Potential Gl. (102) den negativen Gradienten bezüglich der Aufpunktkoordinaten wirken lassen und durch die Aufpunktladung dividieren

$$\underline{F}_{io} = \frac{e_i}{r_{i0}^3}\,\underline{r}_{i0}\,(1 + \varkappa_{D_e}\,r_{i0})\,e^{-\varkappa_{D_e}\,r_{i0}}\,. \tag{103}$$

Dieses Ergebnis wird durch den Grenzübergang $e_0 \to 0$ nicht beeinflußt, was als charakteristische Eigenart der Paarnäherung zu werten ist.
Unsere Rechnungen zeigen: das Feld aller Ionen an einem neutralen Aufpunkt, gemittelt über alle Elektronenpositionen, läßt sich im Rahmen der Paarnäherung als Summe von effektiven Paarfeldwirkungen Gl. (103) darstellen; der Mittelungsprozeß über alle Elektronenpositionen kann durch ein Modell von »Dressed Ions« beschrieben werden.
Sofern man sich der einleuchtenden physikalischen Motivierung von Baranger und Mozer anschließt, ist damit eine Begründung der effektiven Feldbeträge gegeben. Allgemein bleibt dieses Modell bei der Berechnung der Mikrofeldverteilung offen. Wir

wollen jedoch auch hier einen Schritt weiter gehen und an der linearisierten Spektralfunktion Gl. (9) zeigen, daß mit dieser weiteren Einschränkung das Modell von »Dressed Ions« abgeschlossen ist.

Linearisieren wir die Spektralfunktion Gl. (9) in bezug auf die Produkte $\underline{k} \cdot \underline{F}$, so erhält man nach Aufspaltung der Summe in Ionen- und Elektronenanteile

$$W_N(\underline{k}) = 1 - i\underline{k}. \int \dots \int \left(\sum_{i=1}^{N_i} \underline{F}_i - \sum_{e=1}^{N_e} \underline{F}_e \right) P_N(\underline{r}_1, \dots, \underline{r}_N)\, d\underline{r}_1 \dots d\underline{r}_N. \quad (104)$$

Setzt man den GIBBSschen Faktor Gl. (7) ein, so folgt nach einfacher Umformung

$$W_N(\underline{k}) = 1 - i\underline{k}. \int \dots \int \left\{ \int \dots \int \left(\sum_{i=1}^{N_i} \underline{F}_i - \sum_{e=1}^{N_e} \underline{F}_e \right) \frac{e^{-\frac{\Phi}{\varkappa T}}}{\int \dots \int e^{-\frac{\Phi}{\varkappa T}}\, d\underline{r}_1^e \dots d\underline{r}_{N_e}^e}\, d\underline{r}_1^e \dots d\underline{r}_{N_e}^e \right\}$$

$$\times \frac{\int \dots \int e^{-\frac{\Phi}{\varkappa T}}\, d\underline{r}_1^e \dots d\underline{r}_{N_i}^e}{\int \dots \int e^{-\frac{\Phi}{\varkappa T}}\, d\underline{r}_1 \dots d\underline{r}_N}\, d\underline{r}_1^i \dots d\underline{r}_{N_i}^i. \quad (105)$$

Der Ausdruck in den geschweiften Klammern im Integranden von Gl. (105) ist die über alle Elektronenpositionen gemittelte Feldwirkung aller Teilchen des Systems auf den Aufpunkt, die wir aus Gl. (77) berechnet haben. Mit Gl. (89) und Gl. (103) folgt also

$$W_N(\underline{k}) = 1 - i\underline{k} \int \sum_{i=1}^{N_i} \underline{F}_i^D \frac{\int \dots \int e^{-\frac{\Phi}{\varkappa T}}\, d\underline{r}_1^e \dots d\underline{r}_{N_e}^e}{\int \dots \int e^{-\frac{\Phi}{\varkappa T}}\, d\underline{r}_1 \dots d\underline{r}_N}\, d\underline{r}_1^i \dots d\underline{r}_{N_i}^i. \quad (106)$$

Mit Hilfe der in III.2 dargelegten Methoden läßt sich nun zeigen, daß der in Gl. (106) auftretende GIBBSsche Faktor

$$P_{N_i}^* = \frac{\int \dots \int e^{-\frac{\Phi}{\varkappa T}}\, d\underline{r}_1^e \dots d\underline{r}_{N_e}^e}{\int \dots \int e^{-\frac{\Phi}{\varkappa T}}\, d\underline{r}_1 \dots d\underline{r}_N} \quad (107)$$

die Umformung erlaubt

$$P_{N_i}^* = \frac{e^{-\frac{\Psi}{\varkappa T}}}{\int \dots \int e^{-\frac{\Psi}{\varkappa T}}\, d\underline{r}_1^i \dots d\underline{r}_{N_i}^i}, \quad (108)$$

wobei

$$\Psi = \sum_{i<j}^{N_i} \widetilde{\varphi}_{ij}^{(2)} \quad (109)$$

die Summe der effektiven Ionenpaarwechselwirkungen entsprechend Gl. (102) ist. Dabei sind nur die Beiträge der Elektronen in Ketten von linearisierten COULOMB-Bindungen berücksichtigt, alle komplizierteren Diagramme wurden vernachlässigt.

26

Zum Beweis der Umformung genügt der Beweis der Relation

$$\int \cdots \int e^{-\frac{\Phi}{\varkappa T}} \, dr_{\underline{1}}^{e} \cdots dr_{\underline{N}_e}^{e} = e^{-\frac{\Psi}{\varkappa T}} . \tag{110}$$

Dazu stellen wir die Exponentialfunktion im Integranden von Gl. (110) nach Einführung der CLUSTER-Funktionen Gl. (27) durch Diagramme dar. Nach Entwicklung der f-Funktionen Gl. (27) in Potenzreihen summieren wir über alle Ketten von linearisierten f-Bindungen zwischen allen Ionen des Systems. Diese Ketten enthalten nur Elektronen. Man erhält zwischen allen Ionen dann neue effektive Bindungen, die statt der COULOMB-schen Wechselwirkung nun eine DEBYEsche Wechselwirkung repräsentieren [13]. Die so gewonnene Darstellung entspricht genau der CLUSTER-Entwicklung der rechten Seite von Gl. (110).

Faßt man nun in Gl. (106) die beiden Terme als Glieder einer Entwicklung einer Exponentialfunktion auf, so folgt

$$W_N(\underline{k}) = \int \cdots \int e^{-ik \sum_i F_{\underline{i}}^{D}} P_{N_i}^{*} \, dr_{\underline{1}}^{i} \cdots dr_{\underline{N}_i}^{i} , \tag{111}$$

also die von BARANGER und MOZER verwendete Beziehung.

Mit dem so bestätigten GIBBSschen Faktor Gl. (108) von »Dressed Ions« läßt sich die Ion-Ion-Paarkorrelationsfunktion im Rahmen der Paarnäherung mit ähnlichen Umformungen, wie bei Berechnung des effektiven Feldes verwendet wurden, bestimmen. Man erhält

$$g_2^{i,i}(r) = -\frac{e^2}{\varkappa T r} e^{-\varkappa_D r} \; ; \; \varkappa_D^2 = \varkappa_{D_e}^2 + \varkappa_{D_i}^2 . \tag{112}$$

2. Dipol-Plasma-Verteilungsfunktion nach ALYAMOVSKIJ

Entsprechend den Ausführungen in Abschnitt IV. 3 bedarf das Modell von korrelierten Teilchen mit COULOMB-Wechselwirkung der Begründung der Dipol-Plasma-Verteilungsfunktion. Wir suchen daher die Paarverteilungsfunktion für einen Dipol mit dem konstanten Dipolmoment $\underline{a}$ und der Ladung Q_i und eines Teilchens mit der Ladung Q_j. Wir bedienen uns zur Berechnung dieser Paarverteilungsfunktion des in III. 2 dargestellten Verfahrens. Die Anwendung der Kettensummation setzt dabei voraus, daß man die funktionelle Form der Bindungstypen des Systems kennt. Für den betrachteten Fall sind sie sehr einfach anzugeben, denn die Bindung des ersten Teilchens in der Kette muß stets dem Dipolcharakter des Partners Rechnung tragen; alle anderen Bindungen sind COULOMB-Bindungen. Also gilt in bereits linearisierter Form

$$f_1(r_{i1}) = -\frac{Q_1}{\varkappa T} (Q_i + (\underline{a} \cdot \nabla)) \frac{1}{r_{i1}} , \tag{113}$$

$$f_e(r_{e-1,e}) = -\frac{Q_{e-1} Q_e}{\varkappa T \cdot r_{e-1,e}} . \tag{114}$$

Nach Einführung eines konvergenzerzeugenden Faktors $\exp(-\alpha r)$ erhalten wir als Spektralfunktion des Kettenintegrals Gl. (35) unter Berücksichtigung der Relationen Gl. (88), Gl. (113) und Gl. (114), wenn der Satz $\overline{m}$ von Teilchen in der Kette vorhanden ist

$$I_{\overline{m}}(t) = -\frac{4\pi Q_1(Q_i + (\underline{a} \cdot \underline{t}))}{\varkappa T(\alpha^2 + t^2)} \prod_{s=2}^{m+1} \left(\frac{4\pi \cdot Q_{s-1} Q_s}{\varkappa T(\alpha^2 + t^2)} \right) . \tag{115}$$

Den Beitrag zum Paarpotential der Durchschnittskraft sämtlicher Ketten zwischen Dipol und Teilchen j erhält man nach Gl. (33), wenn man über alle Teilchensätze $\overline{m}$ summiert. Ist $W_D^{(2)}(t)$ die Spektralfunktion des Paarpotentials $W_D(r_i, r_j)$, so gilt entsprechend Gl. (32)

$$
\begin{aligned}
W_D^{(2)}(t) &= -\varkappa T \sum_{m=0}^{\infty} \sum_{Zerf(m)} \frac{\overline{n}^{\overline{m}}}{\overline{m}!} \cdot -\frac{4\pi Q_1(Q_i + (\underline{a} \cdot \underline{t}))}{\varkappa T(\alpha^2 + t^2)} \prod_{s=2}^{m+1} \left(-\frac{4\pi Q_{s-1} Q_s}{\varkappa T(\alpha^2 + t^2)}\right) \\
&= \sum_{m=0}^{\infty} \left\{ \sum_{m_i=0}^{m} \frac{m!}{m_i!(m-m_i)!} \, n_i^{m_i} \, n_e^{m-m_i} \right\} \times \\
&\times \frac{4\pi Q_j(Q_i + (\underline{a} \cdot \underline{t}))}{(\alpha^2 + t^2)} \left(-\frac{4\pi e^2}{\varkappa T}\right)^m \left(\frac{1}{\alpha^2 + t^2}\right)^m ,
\end{aligned}
\tag{116}
$$

wobei wir berücksichtigt haben, daß jedes Kettenintegral entsprechend der Anzahl der Permutationen der m Teilchen $m!$ mal auftritt. Weiterhin haben wir berücksichtigt, daß jede Ladung $Q_s = \chi_s e$ zweimal im Kettenintegral auftritt und da $\chi_s^2 = 1$, treten die Ladungsparameter nicht mehr in Erscheinung. Die innere Summe aus Gl. (116) läßt die Darstellung zu

$$
\sum_{m_i=0}^{m} \frac{m!}{m_i!(m-m_i)!} \, n_i^{m_i} \, n_e^{m-m_i} = (n_e + n_i)^m ,
\tag{117}
$$

also folgt mit Gl. (41) für die Spektralfunktion

$$
W_D^{(2)}(t) = \sum_{m=0}^{\infty} \frac{4\pi \cdot Q_j(Q_i + (\underline{a} \cdot \underline{t}))}{\alpha^2 + t^2} \left(-\frac{\varkappa_D^2}{\alpha^2 + t^2}\right)^m .
\tag{118}
$$

Unter der allgemein üblichen Voraussetzung, daß $\varkappa_D^2 < \alpha^2 + t^2$ [10, 12], läßt sich diese geometrische Reihe zusammenfassen zu

$$
W_D^{(2)}(t) = \frac{4\pi \cdot Q_j(Q_i + (\underline{a} \cdot \underline{t}))}{\alpha^2 + \varkappa_D^2 + t^2} .
\tag{119}
$$

Inversion von Gl. (119) liefert

$$
W_D(\underline{r}_i, \underline{r}_j) = Q_j(Q_i + (\underline{a} \cdot \underline{\nabla}_i)) \frac{e^{-\sqrt{\varkappa_D^2 + \alpha^2}\, r_{ij}}}{r_{ij}} .
\tag{120}
$$

In der Grenze $\alpha \to 0$ erhalten wir damit nach Gl. (24), Gl. (22) und Gl. (14) die Paarverteilungsfunktion

$$
K_R(\underline{a}, \underline{r}_{ij}) = \frac{1}{V^2} \exp\left\{ -\frac{Q_j(Q_i + (\underline{a} \cdot \underline{\nabla}_i))}{\varkappa T} \frac{e^{-\varkappa_D r_{ij}}}{r_{ij}} \right\} .
\tag{121}
$$

3. Unkorreliertes »Dressed Ions«-Modell – Numerischer Vergleich

Es ist äußerst schwierig, die Frage zu entscheiden, ob es *irgendein* unkorreliertes »Dressed Particles«-Modell mit beliebigem effektiven Feldverlauf gibt, welches das *exakte* Verhalten des Systems befriedigend beschreibt. Wir untersuchen jedoch die Frage, ob es in dem Modell von unkorrelierten »Dressed Ions« vom Abschirmungstypus eine Wahl des Abschirmparameters $\varkappa$ gibt, so daß das Verhalten des Systems richtig wiedergegeben wird. Da uns die exakte Lösung des Problems nicht bekannt ist, beziehen wir uns in den folgenden Überlegungen auf die Rechnungen von BARANGER und MOZER [4], die zur Zeit als die beste Näherung gelten*.

Den numerischen Vergleich führen wir so durch, daß wir die unter Einschluß der Paarkorrelation von BARANGER und MOZER [4] berechneten Feldverteilungen $W(\beta, \varkappa_{D_e} \cdot r_0)$ im interessanten Bereich durch entsprechend angepaßte Verteilungen $W(\beta, \varkappa_{D_e} \cdot r_0, A)$, die ohne Paarkorrelationen berechnet werden, beschreiben. Der Parameter A, der die Anpassung reguliert, wird auf folgende Weise durch die Feldbeiträge der unkorrelierten »Dressed Ions«

$$\underline{F}^* = \frac{e}{r^3} \underline{r}(1 + A \cdot \varkappa_{D_e} r)\, e^{-A \cdot \varkappa_{D_e} r} \tag{122}$$

definiert.

Die Anpassung vollziehen wir nach der Methode der kleinsten Quadrate, wobei folgender Ausdruck für optimales A ein Minimum werden soll:

$$\sum_i [W(\beta_i, \varkappa_{D_e} r_0) - W^*(\beta_i, A \cdot \varkappa_{D_e} r_0)]^2 = \text{Min.}, \tag{123}$$

das heißt

$$\sum_i [W(\beta_i, \varkappa_{D_e} r_0) - W^*(\beta_i, A \cdot \varkappa_{D_e} r_0)] \frac{\partial}{\partial A} W^*(\beta_i, A \cdot \varkappa_{D_e} r_0) = 0. \tag{124}$$

Statt der vertrauten Integrale schreiben wir Summen, da wir die Anpassung an die bei BARANGER und MOZER [4] veröffentlichten Tabellenwerte $W(\beta_i, \varkappa_{D_e} \cdot r_0)$ vornehmen. In Gl. (124) sind folgende Funktionen zu verwenden

$$W^*(\beta_i, A \cdot \varkappa_{D_e} r_0) = \frac{2\beta_i}{\pi} \int_0^\infty \sin(\beta_i x) \cdot F^*(x, A \cdot \varkappa_{D_e} r_0)\, x\, dx \tag{125}$$

mit

$$F^*(x, A \cdot \varkappa_{D_e} r_0) = \exp\left\{- x^{3/2}\, \psi(x, A \cdot \varkappa_{D_e} r_0)\right\} \tag{126}$$

und

$$\psi(x, A \cdot \varkappa_{D_e} r_0) = \frac{15}{\sqrt{8\pi}} \int_0^\infty \left(1 - \frac{\sin \xi^*}{\xi^*}\right) z^2\, dz, \tag{127}$$

wobei entsprechend Gl. (122) gilt

$$\xi^* = \frac{1}{z^2} (1 + A \cdot \varkappa_{D_e} r_0 \sqrt{x} \cdot z)\, e^{-A \cdot \varkappa_{D_e} r_0 \sqrt{x} \cdot z}. \tag{128}$$

Für die Ableitung folgt analog

$$\frac{\partial W^*(\beta_i, A \cdot \varkappa_{D_e} r_0)}{\partial A} = - \frac{2\beta_i}{\pi} \int_0^\infty \sin(\beta_i x)\, x^{5/2} F^*(x, A \cdot \varkappa_{D_e} r_0) \frac{\partial \psi(x, A \cdot \varkappa_{D_e} r_0)}{\partial A}\, dx \tag{129}$$

* Wir weisen jedoch darauf hin, daß numerische maschinelle Auswertungen, die wir auf der IBM 7090 des Rheinisch-Westfälischen Instituts für Instrumentelle Mathematik in Bonn durchgeführt haben, die Ergebnisse von BARANGER und MOZER nicht bestätigen, sondern bei der Berücksichtigung der Korrelationsfunktion erhebliche Abweichungen aufweisen. Wir kommen auf diesen Punkt zurück.

mit

$$\frac{\partial \psi(x, A \cdot \varkappa_{D_e} r_0)}{\partial A} = -\frac{15}{\sqrt{8\pi}} \int\limits_0^\infty \left(\frac{\sin \xi^*}{\xi^{*2}} - \frac{\cos \xi^*}{\xi^*}\right) \cdot A(\varkappa_{D_e} r_0)^2 x \cdot \chi^2 \times$$
$$\times e^{-A \cdot \varkappa_{D_e} r_0 \sqrt{x} \cdot z} \, d\chi. \tag{130}$$

Da diese Gleichungen nicht elementar lösbar sind, wenden wir numerische Verfahren an. Aus Gl. (123) läßt sich jedoch bereits eine Aussage gewinnen: die Anpassungsgröße A kann nur eine Funktion vom Parameter $\varkappa_{D_e} \cdot r_0$ sein, denn der durch die Summierung über die β_i vorgenommene Mittelungsprozeß verhindert die Abhängigkeit von β_i.

Das Problem ist die Lösung der Bestimmungsgleichung Gl. (124) für $A(\varkappa_{D_e} \cdot r_0)$ nach Einsetzen der Beziehungen Gl. (125) – Gl. (130). Als Berechnungsgrundlage verwendeten wir ein einfaches Intervallschachtelungsprinzip. Der Vergleich wurde für die vier bei BARANGER und MOZER publizierten $\varkappa_{D_e} \cdot r_0$-Werte durchgeführt und ergab

$$\begin{array}{c|cccc}
\varkappa_{D_e} r_0 & 0,2 & 0,4 & 0,6 & 0,8 \\
\hline
A(\varkappa_{D_e} r_0) & 1,110 & 1,132 & 1,104 & 1,080
\end{array} \; ; \; \overline{A} = 1,107. \tag{131}$$

VI. Diskussion

Ausgehend von der bekannten Definition der niederfrequenten Komponente der Mikrofeldverteilung beweist die vorliegende Arbeit, daß sich das mittlere Potential in der Konfiguration der N_i-Ionen als Summe von effektiven Paarpotentialen und die mittlere Feldeinwirkung als Summe von effektiven Paarfeldwirkungen des DEBYE-Typus darstellt. Damit ist die physikalische Grundvorstellung von BARANGER und MOZER gerechtfertigt.

Darüber hinaus zeigen die Untersuchungen dieser Arbeit einen Mangel in der Argumentation von BARANGER und MOZER. Es wird von BARANGER und MOZER nicht bewiesen, daß die berechneten effektiven Potentiale und Felder in die Exponentialausdrücke der Spektralfunktion der Feldverteilung eingeführt werden dürfen. Grundsätzlich müßte ein solcher Beweis, ausgehend von der allgemeinen Anschrift, durch Mittelung über die Elektronenkonfigurationen geführt werden. Die Ergebnisse des Vorganges lassen erkennen, daß der Ansatz von BARANGER und MOZER auf diese Weise nur in der linearen Näherung einfach zu rechtfertigen ist. Eine entsprechende Beweisführung für die höheren Näherungen konnte bisher nicht erbracht werden und dürfte auch auf große Schwierigkeiten stoßen. Es stellt sich damit die Frage, ob und in welchem Feldbereich die nichtlinearen Beiträge wesentlich sind und inwieweit demzufolge die BARANGER-MOZER-Ergebnisse dort als tragfähig angesehen werden können.

Die Rechnungen von ALYAMOVSKIJ fassen die innere Wechselwirkung des Systems in einer Plasma-Dipol-Verteilungsfunktion zusammen, deren Form ALYAMOVSKIJ nicht herleitet, sondern postuliert. Unter Anwendung diagrammtechnischer Methoden wird die entsprechende Paarverteilungsfunktion in dieser Arbeit hergeleitet. Leider behandelt ALYAMOVSKIJ kein Mehrkomponentensystem, sondern ein Einkomponentensystem vor ausgeschmiertem Hintergrund. Er vermeidet daher die Problematik der BARANGER–MOZER-Arbeit hinsichtlich der Elektronenmittelung und schließt damit Vergleichsmöglichkeiten aus. Es muß auch noch vermerkt werden, daß die Anwendung des Begriffs »Dressed Particles« auf die ALYAMOVSKIJsche Rechnung nicht konsistent ist, da in dieser Arbeit zwar eine effektive Paarwechselwirkung auftritt, aber nicht die entsprechende Feldwirkung. Das Feld setzt sich unverändert aus der Superposition von COULOMB-Feldern zusammen.

Im Zusammenhang mit dem Ansatz von ECKER et al. erhebt sich die Frage, ob es überhaupt ein Modell von unkorrelierten »Dressed Ions« zur Berechnung der Feldverteilung gibt. Der Beantwortung dieser Frage steht entgegen, daß man die exakte Verteilungsfunktion nicht kennt. Betrachten wir hier die Ergebnisse von BARANGER und MOZER als zur Zeit beste Approximation (siehe jedoch die Fußnote auf S. 24), so ergibt ein numerischer Vergleich für unkorrelierte »Dressed Ions« vom Abschirmungstypus folgendes Resultat: Eine exakte Beschreibung des gesamten Mikrofeldverlaufs ist naturgemäß nicht möglich. Faßt man die Verteilungsgrenze mit der Methode der kleinsten Quadrate an, so ergibt sich im Gültigkeitsbereich der DEBYE-Theorie eine relative Variation des Anpassungsparameters von ungefähr 10%.

Die kritische Betrachtung der vorliegenden Mikrofeldtheorien zeigt eine Anzahl von Mängeln, die in dieser Untersuchung nur zum Teil ausgeräumt werden konnten. Alle Theorien sind noch mit Problemen behaftet, die eine weitere Bearbeitung erforderlich machen, ehe das Problem der inneren Wechselwirkung als befriedigend gelöst angesehen werden kann.

VII. Abbildungen

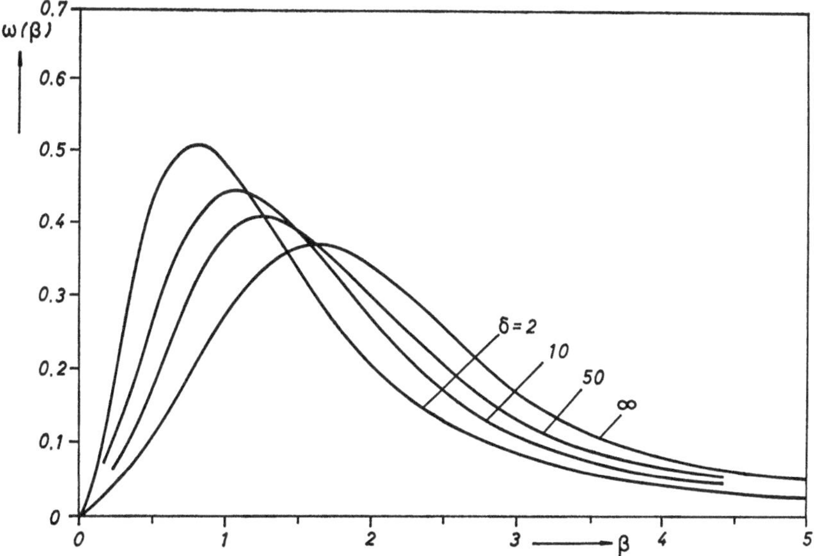

Abb. 1

1.0
0.8
0.6
0.4
0.2
χ'
ψ' × 10
0
1
2
3
x^{1/2} y

Abb. 2

ω(β)
0.7
0.6
0.5
0.4
0.3
0.2
0.1
0
λ r_o = 0
= 0.2
= 0.4
= 0.6
= 0.8
0
1
2
3
4
5
β

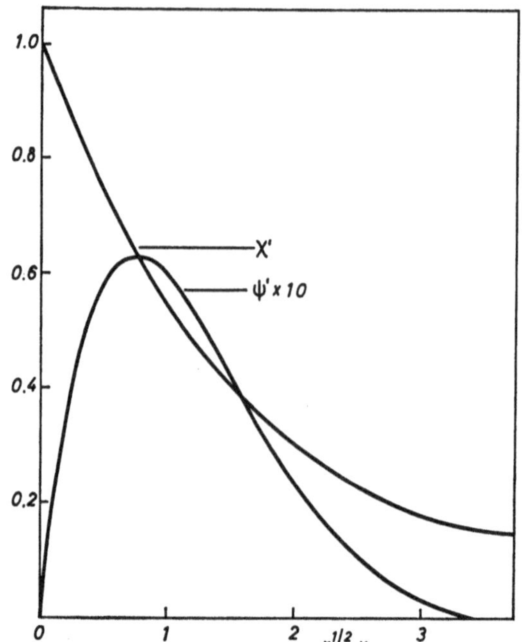

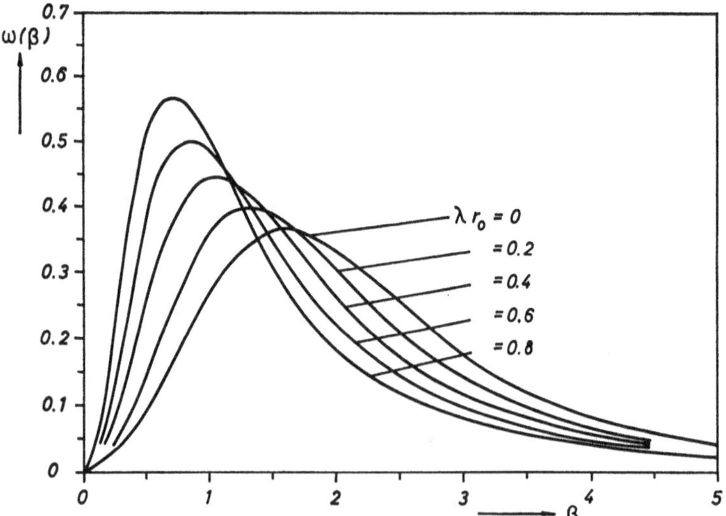

Abb. 3

VIII. Literaturverzeichnis

[1] Holtsmark, J., Ann. Phys. **58**, 577 (1919).

[2] Ecker, G., Z. Phys. **148**, 593 (1957). – Ecker, G., und K.-G. Müller, Z. Phys. **153**, 317 (1958). – Ecker, G., und K.-G. Müller, Astrophys. J. **129**, 858 (1959).

[3] Alyamovskij, V.N., J. Exp. Theor. Phys. (UdSSR) **42**, 1536 (1962). – Engl. Transl. in: Sov. Phys.-JEPT **15**, 1067 (1962).

[4] Baranger, M., und B. Mozer, Phys. Rev. **115**, 521 (1959). – B. Mozer und M. Baranger, Phys. Rev. **118**, 626 (1960).

[5] Mayer, J.E., und M.G. Mayer, Statistical Mechanics, J. Wiley and Sons, Inc., New York (1940).

[6] Uhlenbeck, C.E., und G.W. Ford, The Theory of linear Graphs – in: Studies in Statistical Mechanics, Vol. 1, North-Holland Publ. Comp., Amsterdam (1962).

[7] Ecker, G., und W. Kröll, Z. Naturf. **19a**, 1447 (1964). – Vedenov, A.A., Thermodynamics of a Plasma – in Reviews of Plasma Physics, Bd. 1, Ed. M.A. Leontovich, Engl. Transl., Consultants Bureau, New York (1965). – de Witt, H.E., Phys. Rev. **140**, 466 (1965).

[8] The Equilibrium Theory of Fluids, Ed. H.L. Frisch, Lebowitz, J.L. Benjamin Inc., New York–Amsterdam (1964).

[9] Meeron, E., J. Chem. Phys. **27**, 1238 (1957).

[10] Mayer, J.E., J. Chem. Phys. **18**, 1426 (1950).

[11] Meeron, E., J. Chem. Phys. **28**, 630 (1958).

[12] Meeron, E., Statistical Mechanics of reversible Processes in Plasma Dynamics – in: Plasma Physics, Ed. J.E. Drummond, McGraw – Hill Book Comp., New York – Toronto – London (1962).

[13] Meeron, E., Phys. Fluids **1**, 139 (1958). – Meeron, E., und E.R. Rodemich, Phys. Fluids **1**, 246 (1958).

[14] Debye, P., Physik. Z. **21**, 178 (1920).

[15] Hunger, K., und R.W. Larenz, Z. Phys. **163**, 245 (1961). – Hunger, K., und R.W. Larenz, Beitr. Plasmaphys. **3**, 161 (1963).

[16] Engelmann, F., Z. Phys. **169**, 126 (1962).

[17] Debye, P., und E. Hückel, Phys. Z. **24**, 185 (1923).

[18] Onsager, L., Chem. Rev. **13**, 73 (1933). – Kirkwood, J.K., J. Chem. Phys. **2**, 767 (1934). Münster, A., Statistische Thermodynamik, Springer-Verlag, Berlin–Göttingen–Heidelberg (1956).

Forschungsberichte
des Landes Nordrhein-Westfalen

Herausgegeben im Auftrage des Ministerpräsidenten Heinz Kühn
von Staatssekretär Professor Dr. h. c. Dr. E. h. Leo Brandt

Sachgruppenverzeichnis

Gaswirtschaft

Gas economy
Gaz
Gas
Газовое хозяйство

Holzbearbeitung

Wood working
Travail du bois
Trabajo de la madera
Деревообработка

Hüttenwesen · Werkstoffkunde

Metallurgy · Materials research
Métallurgie · Materiaux
Metalurgia · Materiales
Металлургия и материаловедение

Kunststoffe

Plastics
Plastiques
Plásticos
Пластмассы

Luftfahrt · Flugwissenschaft

Aeronautics · Aviation
Aéronautique · Aviation
Aeronáutica · Aviación
Авиация

Luftreinhaltung

Air-cleaning
Purification de l'air
Purificación del aire
Очищение воздуха

Maschinenbau

Machinery
Construction mécanique
Construcción de máquinas
Машиностроительство

Mathematik

Mathematics
Mathématiques
Mathemáticas
Математика

Medizin · Pharmakologie

Medicine · Pharmacology
Médecine · Pharmacologie
Medicina · Farmacología
Медицина и фармакология

NE-Metalle

Non-ferrous metal
Metal non ferreux
Metal no ferroso
Цветные металлы

Physik

Physics
Physique
Física
Физика

Rationalisierung

Rationalizing
Rationalisation
Racionalización
Рационализация

Schall · Ultraschall

Sound · Ultrasonics
Son · Ultra-son
Sonido · Ultrasónico
Звук и ультразвук

Schiffahrt

Navigation
Navigation
Navegación
Судоходство

Textilforschung

Textile research
Textiles
Textil
Вопросы текстильной промышленности

Turbinen

Turbines
Turbines
Turbinas
Турбины

Verkehr

Traffic
Trafic
Tráfico
Транспорт

Wirtschaftswissenschaften

Political economy
Economie politique
Ciencias económicas
Экономические науки

Einzelverzeichnis der Sachgruppen bitte anfordern

 Westdeutscher Verlag · Köln und Opladen

567 Opladen/Rhld., Ophovener Straße 1–3, Postfach 1620

GPSR Compliance
The European Union's (EU) General Product Safety Regulation (GPSR) is a set
of rules that requires consumer products to be safe and our obligations to
ensure this.

If you have any concerns about our products, you can contact us on

ProductSafety@springernature.com

In case Publisher is established outside the EU, the EU authorized
representative is:

Springer Nature Customer Service Center GmbH
Europaplatz 3
69115 Heidelberg, Germany